婴幼儿养育照护指导用书

中国妇幼保健协会
婴幼儿养育照护专业委员会 | 组织编写

0~3岁婴幼儿养育照护

——早期学习

主 编 张 悦

副主编 匡晓妮 吴婕翎 孙 瑾

编 者（按姓氏笔画排序）

匡晓妮 孙 瑾 李秀红 吴婕翎

张 悦 岳 青 胡华芸 徐媛媛

郭华蕾 郭碧舟 章 岚 谭 霞

人民卫生出版社

·北 京·

图书在版编目（CIP）数据

0~3 岁婴幼儿养育照护．早期学习 / 张悦主编．-- 北京 ：人民卫生出版社，2025. 5
ISBN 978-7-117-35694-7

Ⅰ. ①0… Ⅱ. ①张… Ⅲ. ①婴幼儿一哺育一基本知识 Ⅳ. ①TS976. 31

中国国家版本馆 CIP 数据核字（2023）第 239991 号

0～3 岁婴幼儿养育照护——早期学习
0～3 Sui Yingyou'er Yangyu Zhaohu——Zaoqi Xuexi

主　　编：张　悦
出版发行：人民卫生出版社（中继线 010-59780011）
地　　址：北京市朝阳区潘家园南里 19 号
邮　　编：100021
E - mail：pmph @ pmph.com
购书热线：010-59787592　010-59787584　010-65264830
印　　刷：北京华联印刷有限公司
经　　销：新华书店
开　　本：889 × 1194　1/24　　印张：5.5
字　　数：130 千字
版　　次：2025 年 5 月第 1 版
印　　次：2025 年 5 月第 1 次印刷
标准书号：ISBN 978-7-117-35694-7
定　　价：39.80 元
打击盗版举报电话：010-59787491　E-mail：WQ @ pmph.com
质量问题联系电话：010-59787234　E-mail：zhiliang @ pmph.com
数字融合服务电话：4001118166　E-mail：zengzhi @ pmph.com

内容简介

本书主要介绍儿童早期学习机会的内涵，指导养育者在家庭或托幼机构中照护婴幼儿时，了解儿童早期学习相关能力的发展规律，以及促进儿童早期学习的方法。本书从读者的角度出发，围绕认知与情感、玩耍与运动、交流与阅读、资源与机会四个主题，从不同角度介绍早期学习机会的知识、技能和相关方法，将理论知识与具体实例相结合，深入浅出地向照养人介绍可行的策略，使家长能够充分了解和理解儿童早期学习机会的内涵，并应用于日常生活，真正促进儿童早期发展。

主编简介

张悦　女，医学博士，国家卫生健康委妇幼健康中心研究员。主要从事儿童心理保健相关的科研项目及政策制定等工作。参与国家卫生健康委员会《儿童心理保健技术规范》《儿童早期发展示范基地标准》等制定工作，参与编写《儿童心理保健与咨询（培训教程）》《儿童早期发展系列教材》《儿童发育行为心理评定量表》等。主持国家卫生健康委员会、联合国儿童基金会、国家自然科学基金（青年基金）等委托课题项目 20 余项，以第一 / 责任作者于 SCI 及中文核心期刊发表论文 40 余篇，主 / 参编著作 10 余部。

前言

养育照护对于儿童早期发展具有重要意义，早期学习机会作为养育照护的重要内容之一，得到了国内外专业人士的广泛认可。那么早期学习机会到底指什么，要求家长做什么，在阅读本书之前，我们一起来了解一下。

说到学习，大家一定不陌生。说到早期学习（early learning），大家一定会问“是从什么时候开始？学什么呢？”这里家长需要认识到，儿童从一出生就开始学习了，他们通过与人或者物品的接触而进行学习。早期学习的结果不是直接与学习成绩挂钩，而是与脑发育相关联，以促进儿童身心和社会能力发展为目标。

早期学习与学龄前和学龄期的学习是连续而相互衔接的。早期学习将促进儿童感知觉、运动、言语、认知、社会交往等各方面能力的发展，并激发儿童学习的好奇心和热情，这区别于一般的儿童心理保健，在儿童一生的成长中尤其重要，这些能力的发展是未来学习中读写、数学、理解及艺术表现等的基础。比如婴幼儿期语言发展与以后的表达、演讲等语言能力发展相关联，婴幼儿期认知能力发展与学龄前期数学、科学、逻辑思维等相关联。

早期的学习和发展又与学龄期的学业成就密切相关。

因此，有必要为婴幼儿提供和创造早期学习机会。照养人在婴幼儿早期学习中的价值就在于提供机会，而这些机会来源于对婴幼儿的日常照顾和养育。照养人在日常生活和照料的交流、玩耍中，帮助婴幼儿学习新的技能和行为，培养良好的生活自理能力和行为习惯，鼓励婴幼儿探索和解决问题，使婴幼儿在学习探索中体验快乐、满足。为婴幼儿提供早期学习机会，不仅有利于促进其心理行为的发展，有助于增加其学龄期对学习的热爱，而且可以改善学习效果，帮助儿童提升应对压力的能力。

编者

2025年3月

目录

第一章　**重视认知与情感**

第一节　促进感知觉发展　2

一、创造早期学习机会——不为“知识”为“能力”　2

二、儿童心理发展不同步——各有关键期　2

三、感知觉——儿童多种能力发展的基础　3

四、感知觉——为适应新环境而做好准备　3

五、宝宝视觉发育的关键时期　4

六、小宝宝视觉发育的日常促进　5

七、促进宝宝手眼协调能力发展　5

八、宝宝视觉发育的保健要点　6

九、宝宝视觉异常早发现　6

十、幼儿视力保健要点　7

十一、宝宝听觉发展　7

十二、听说不分家——语言发展从听开始　8

十三、宝宝听觉异常早发现　9

十四、保护宝宝听觉要注意的那些事儿　9

十五、深度知觉的发展与促进——运动知深浅　10

十六、大小/形状/空间/时间——宝宝几时知 11
十七、亲子游戏促进宝宝感知觉能力发展 11
十八、在日常生活中促进宝宝感知觉能力发展 12
十九、基于个体发育水平促进宝宝感知觉能力发展 12
二十、发育问题越早干预效果越好 12
第二节 促进认知发展 14
一、注意和记忆——学习的基础 14
二、宝宝的注意力应从小发展 14
三、关注0～6月龄宝宝注意力的发展 15
四、6月龄后宝宝的注意力更受其认识和经验支配 16
五、共同注意是儿童语言和社会发展的里程碑 16
六、幼儿期是注意力发展的关键期 17
七、宝宝记忆力的发展 17
八、幼儿的记忆策略和元记忆开始萌芽 18
九、放飞宝宝的想象力 19
十、模仿——在“跟你学”中成长 19
十一、婴幼儿的思维发展靠行动 20
第三节 促进情绪情感和社会性的发展 22
一、生命早期的情绪体验和发展意义重大 22
二、及时回应和满足是促进情绪情感发展的法宝 22

三、应对宝宝的分离焦虑 24
四、幼儿期学习表达和控制情绪 25
五、幼儿的情绪与情感发展 26
六、促进安全型依恋关系的建立 27
七、缺乏安全型依恋怎么办 28
八、认识自己——自我意识的早期萌芽 29
九、性格培养从小做起 30
十、婴幼儿社会交往能力的发展 32
十一、孩子不善交往怎么办 33
十二、闹情绪的宝宝如何安抚 34

第二章 关注玩耍与运动

第一节 游戏玩耍的意义 38
一、玩儿是儿童的天性，游戏是早期学习的好方法 38
二、儿童发育有规律，游戏玩耍要适宜 38
三、给小宝宝的第一个游戏——爱的抚触 39
第二节 促进大运动发展 42
一、0～6月龄宝宝大运动发育规律 42
二、自由空间——促进小宝宝的大运动发展 43
三、不满百天的宝宝能不能竖抱 43

四、翻身和坐——促进3～6月龄宝宝大运动发展 44
五、帮助小“不倒翁”练坐稳 45
六、从坐到走——7～12月龄宝宝大运动发育规律 45
七、不爬就走好不好 47
八、帮助宝宝练习爬的小窍门 48
九、帮助宝宝练习站和走的小游戏 48
十、从不协调到协调——1～2岁宝宝大运动发育规律 49
十一、促进1～2岁宝宝大运动发展——走一走、跑一跑、跳一跳 50
十二、从不平衡到平衡——2～3岁宝宝大运动发育规律 51
十三、促进2～3岁宝宝大运动协调发展 51
第三节 促进精细动作发展 54
一、从整体到分化——出生6个月内宝宝精细动作发育规律 54
二、摸这摸那——促进新生儿的触觉发展 54
三、小宝宝戴手套，护脸却阻碍发展 55
四、抓和够——促进手眼协调的游戏互动 56
五、从掌到指——7～12月龄宝宝精细动作发育 56
六、促进手指灵活的小游戏 57
七、从粗到细——1～2岁宝宝精细动作发育规律 58
八、玩一玩，画一画——促进宝宝精细动作发育 59

九、从简单到复杂——2～3岁宝宝精细动作发育规律 61

十、搭积木、拼图、翻书、解纽扣——促进2～3岁宝宝精细动作的小游戏 62

第三章 **促进交流与阅读**

第一节 亲子交流 66

一、宝宝不会说话怎么沟通 66

二、准确解码宝宝的非语言沟通信息——哭声 67

三、这就是回应式互动 68

四、宝宝无意识叫“爸爸”“妈妈”时，要不要回应 69

五、语言先理解后才能表达 69

六、怎么帮宝宝学说话 70

七、非语言沟通的姿势动作怎么学 71

八、孩子说的话别人听不懂怎么办 72

九、给孩子开口说话的机会 73

十、语言能力发展的关键期 74

十一、家里普通话、方言等需要统一吗 74

十二、2～3岁孩子口吃怎么办 75

十三、2～3岁孩子的语言能力与培养 75

第二节 亲子阅读 77

一、火火的亲子阅读 77

二、6月龄以下宝宝也需要亲子阅读吗 77

三、6月龄以下宝宝的绘本选择与共读要点 78

四、给胎儿阅读——亲子阅读的第一个契机 79

五、阅读启蒙，需全家参与 80

六、6～12月龄宝宝的绘本选择与共读要点 80

七、掌握时机和形式，培养阅读兴趣 82

八、宝宝爱撕书怎么办 82

九、1～2岁孩子的绘本选择与共读要点 83

十、如何给宝宝读英语绘本 84

十一、阅读让生活更圆满 84

十二、2～3岁孩子的绘本选择与共读要点 85

十三、一个故事反复听，多维度促进孩子认知能力发展 87

十四、模仿是孩子的天性，正向引导很关键 87

十五、读绘本万物有情，帮孩子学会情感表达 88

第四章 **提供资源与机会**

第一节 促进早期学习的环境创设 92

一、家庭环境——早期学习环境的重中之重 92

二、家庭环境中玩具的选择——只有益智玩具才“益智”吗 93

三、大自然——早期学习环境的宝贵资源 93

四、享受大自然——户外活动安全放第一 95

五、充分利用社区资源，优质托育/托幼机构是重要补充 96

六、选择托幼机构要知道的那些事儿 97

七、家庭资源的发掘与利用 98

八、良好语言环境如何创设 99

第二节 促进早期学习的机会不容放过 101

一、感受关爱——早期学习的基本条件 101

二、日常生活中吃饭时的学习机会 101

三、同伴玩耍中的学习机会 102

四、犯错也是重要的学习机会 103

五、让电子产品助力早期学习 104

第三节 不同儿童的养育要点与资源机会 106

一、爸爸在养育照护中的重要作用 106

二、隔代养育的利与弊 107

三、二孩家庭的养育要点 108

四、发育高风险儿童如何利用资源促进早期学习 109

五、住院儿童如何利用资源促进早期学习 110

参考文献 111

第一章

重视认知与情感

第一节　促进感知觉发展

一、创造早期学习机会——不为“知识”为“能力”

“早期学习机会”作为世界卫生组织和联合国儿童基金会发布的“养育照护促进儿童早期发展框架”的内容之一，近年来得到了国内外普遍关注。这里的早期学习，并不是要从宝宝出生开始就教给他文化知识，而是强调创造机会，在发展宝宝运动、言语、认知的同时，注重情感、社会交往等各方面能力的培养。

宝宝从出生就开始学习。婴儿尚不具备学习文化知识的能力，他们要学的，是维护自身生存和发展的大本领。他们在与照养人的互动中学习如何适应周围环境，在日常活动中学习并发展自身技能。学习的过程离不开感受、探索、尝试和体验，这些经验的积累更离不开安全、丰富的环境。

二、儿童心理发展不同步——各有关键期

宝宝出生后，感知觉、运动、言语、认知、社会交往等各方面的发展水平不一致，发展速度并不均衡，功能也需要不断发展和完善。比如视听感知觉中枢发展的关键时期为婴儿期，语言中枢发展的关键时期为 2～3 岁。把握好儿童心理发展的关键期，可以起到积极的促进作用，收到事半功倍的效果。

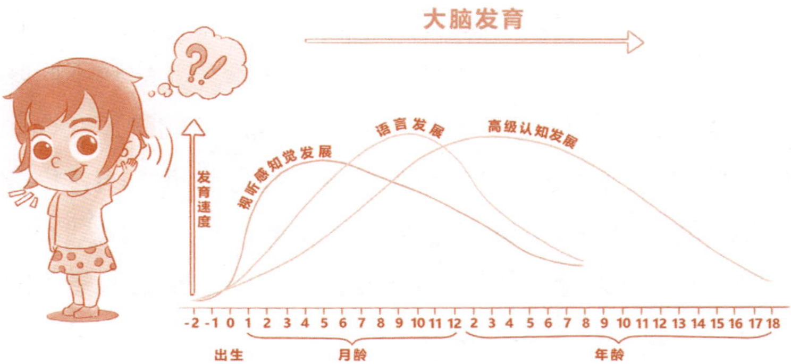

三、感知觉——儿童多种能力发展的基础

从概念上来看，感知觉是感觉和知觉的统称，包括视觉、听觉、嗅觉、味觉、皮肤感觉等，也包括在感觉的基础上形成的对事物的知觉，如视知觉、听知觉及对空间、形状、时间等的感知。在日常生活中，大脑接受各种感知觉信息，同时需将各种信息进行加工、处理和整合，反馈给身体，作出适应性的反应。

感知觉是行为产生的基础，是认识世界的基础，也是儿童多种能力发展的基础。儿童感知觉的发展，对于运动协调性、精细动作发展、自理活动、学习－认知能力及社交能力有着深远的影响。举例来说，孩子学走路离不开空间感知，与人交往离不开观察和感知他人的情绪，学习儿歌离不开听，学习画画离不开看。

四、感知觉——为适应新环境而做好准备

生命是神奇的，宝宝的感知觉发展同样神奇。新生儿出生时，嗅觉、味觉、触觉、温度觉等多种感知觉都为宝宝适应环境做好了准备。新生儿出生时，痛觉已存在，但泛化且不敏感，这为他应对出生过程的挤压等做好了准备。新生儿出生时，嗅觉中枢神经和末梢神经已发育成熟，于是他能区分妈妈乳汁的气味，在生后几个小时内就能闭着眼睛找到乳头。

为了更好地适应周围环境，宝宝的各种感知觉也在不断的发展中。比如，新生儿出生后不久就能对不同味道表现出不同的反应，4～5 月龄宝宝对食物味道变得非常敏锐。宝宝可以从母亲乳汁中尝到母亲进食的食物味道，对食物味道的敏锐可以使宝宝在从母乳过渡到固体食物的过程中更好地识别那些曾经尝过的安全和熟悉的味道。这也正是母乳喂养宝宝较配方奶喂养婴儿更容易添加辅食的原因。

婴儿早期，触觉是其感知和探索世界的重要途径。新生儿期，宝宝口周、手掌、足底等部位对触觉高度敏感，因此，家长可以让宝宝摸各种不同质地的物品，如光滑的、粗糙的、软的、硬的等，宝宝也常常会把东西放到口中感触，这些都有利于宝宝认识和探索周围的环境。

五、宝宝视觉发育的关键时期

儿童视觉发育的关键期从生后几个月开始，并持续到 6～8 岁，其中最关键的时期是在 3 岁以前。儿童视觉发育包括视力、色觉、双眼运动、双眼同时视物等多种功能发展，不单单是视力。

儿童视觉的发育需要一个过程。新生儿出生时已经有了视觉，但不敏感。婴儿出生后 1～3 天会对光有察觉，逐渐出现注视、追视；婴儿出生后 3～4 个月颜色视觉趋于成熟，4～5 个月可以识别物体的形状、颜色和认识母亲，7～9 个月可以持续盯着一个方向看。宝宝的视觉广度逐渐发展，1 岁时视觉广度慢慢接近成人。1 岁至 1 岁半出现双眼随物体的远近向中间旋转的集中功能。

视力反映眼睛辨认细节的能力，宝宝不是一出生视力就达到 1.5 的。刚出生时，宝宝看人脸都是模模糊糊的，到 6 个月左右视力也仅有 0.06 左右，1 岁时的视力约为 0.2，2 岁时可达到 0.4，3 岁时可达到 0.5 以上，4 岁时可达到 0.6 以上，5 岁时约达到 0.8 以上。宝宝分辨物体远近、凹凸的立体视觉也是逐步发育的，在 5～6 岁基本发育成熟。

六、小宝宝视觉发育的日常促进

对于 0～6 月龄的宝宝来说，家长可以通过与宝宝的交流和玩耍促进其视觉发育。比如 3 个月内的宝宝喜欢看家长的脸，但只能看清 20～30 厘米的距离，家长可以在这个距离与宝宝面对面地微笑、说话和逗引。在宝宝能够注视后，可以用妈妈的脸或玩具逗引使他 / 她的视线追随着上、下、左、右移动。一般宝宝出生 2～3 个月后，更喜欢看颜色鲜艳的物品，自然界中的绿叶、红花，生活中的食物、用品等，都是他们早期学习和发展的良好教具。在玩耍过程中，可以引导宝宝跟随照养人的手势、目光去看，发展其共同注视的能力。此外，家长还要保证宝宝的营养充足，避免宝宝视觉受到强光刺激，不给宝宝使用电子屏幕等。

七、促进宝宝手眼协调能力发展

手与眼的配合是宝宝实现多种行为的基础，家长可以通过多种活动促进宝宝手眼协调能力的发展。宝宝的成长，特别是脑的发育，需要他 / 她用手去触摸和感知周围的世界，宝宝视觉与手的协调发展也需要在不断的尝试和练习中获得。建议在保证安全的情况下，给宝宝干净、安全的玩具或物品把玩，与宝宝玩儿够、拿、抓、捏不同大小物品等游戏，促进宝宝手和手指灵活，这些都有利于宝宝手眼协调的发展。还要多带宝宝到大自然中去，给他指、看各种颜色、形状的动、植物，和宝宝玩儿伸手够玩具、指东西的游戏，玩儿双手传递玩具、撕纸等双手配合的游戏，还可以和宝宝玩儿用手指抓捏的游戏，或者让他/她拿捏食物等，都可促进和提高手眼协调能力。

八、宝宝视觉发育的保健要点

户外活动是预防和控制近视发生的重要方法。建议宝宝每天户外活动时间不少于 2 小时。通过户外活动接触阳光，能促进眼内多巴胺的释放，从而起到预防近视的作用。当然，户外活动时要避免强光直射。

创造良好的用眼环境。由于长时间、近距离使用电子产品会影响儿童视力发育，因此，不要给 2 岁以下宝宝看手机、电视、电脑等，即便是与家人进行视频交流，也要注意使用时间。

眼睛的发育还需要丰富的营养，要注意让孩子均衡饮食，不挑食、不偏食，少吃甜食，少喝含糖饮料。多吃水果、蔬菜及鱼类、豆制品和鸡蛋等优质蛋白，也可食用胡萝卜、蓝莓等富含维生素的食物，对维持眼睛正常生长和视功能有积极作用。

九、宝宝视觉异常早发现

积极参与定期的健康检查，及时发现宝宝视觉功能异常。专业机构可根据宝宝的年龄用多种方法检查宝宝的视力、辨色力、屈光异常和眼肌平衡等。

定期健康检查很重要。满月访视时，光照反应检查可发现眼部结构异常；3 月龄时，瞬目反射检查和红球试验可以评估婴儿的近距离视力和注视能力；6 月龄时，可行视物行为观察和眼位检查（角膜映光加遮盖试验）；1～3 岁时，眼球运动等检查可评估儿童有无视力障碍和眼位异常。对出生体重 <2 000 克、胎龄 <32 周、患有严重疾病或有较长时间吸氧史的早产儿，要求在生后 4～6 周或矫正胎龄 31～32 周开始进行眼底病变筛查，因为如果出现这种视网膜发育病变，可进展为牵拉性视网膜脱离，甚至导致功能性失明或完全失明。

日常生活中如果发现宝宝不会与家人对视或对外界反应差，畏光或眯眼、眼球震颤等表现，或者发现孩子有对前方障碍避让迟缓、暗处行走困难、视物明显歪头或距离近时，要及时就医进行检查。

十、幼儿视力保健要点

2～3 岁幼儿视力大约为 0.6，3 岁左右有精细的视觉反射运动。建议家长要教育和督促幼儿注意用眼卫生，经常洗手，不揉眼睛。幼儿持续近距离注视的时间每次不要超过 30 分钟，每次看电视、手机等电子屏幕的时间不要超过 20 分钟，每天累计时间建议不超过 1 小时。使用电子屏幕时，眼睛与屏幕的距离一般为屏幕对角线的 5～7 倍，屏面略低于眼高。

十一、宝宝听觉发展

听觉在胎儿期就已经存在，孕 4 月时胎儿可对子宫外的声音有反应，孕 6 月时胎儿听觉感受器基本发育成熟，可以听到透过母体频率为 1 000Hz 以下的外界声音。因此，音乐胎教可以从胎儿 16 周开始，从孕 5、6 月起父母可以对胎儿说话，给胎儿讲故事了。尽管宝宝在妈妈肚子里就有了听觉，但仍处于发展阶段。

出生后 1 周左右，宝宝对强烈的声音有了反应，家长可以看到有较大关门声时宝宝表现出惊跳反射、眨眼、啼哭开始或停止等。随后，宝宝会逐步辨别不同音高，3～4 月龄时表现出对母亲声音的偏爱，4～7 月龄的宝宝能够定位声音的来源，随后能感知音乐，视觉和听觉也逐步协调起来。比如，5～7 月龄的宝宝能将听到的高兴或愤怒的声音与看到的说话者的面部表情相联系，他们在听到有人说“爸爸”“妈妈”时，会转头看向爸爸、妈妈，这些都反映了视觉－听觉的统合发展。8～9 月龄的宝宝逐渐能分辨各种声音，1 岁左右的宝宝对声音、语音等的感知和分辨能力会更强，他们可以听懂很多物品或动词的意思，也可以听音乐跳舞。2 岁左右的宝宝能区分较精细的声音，如流水声；3 岁左右的宝宝能区分更精细的声音，如“依”与“啊”等语音。

十二、听说不分家——语言发展从听开始

宝宝听觉的发展对于语言的学习和表达起着重要作用。只有听到了语言，宝宝才能学习、模仿，才能形成自己的语言。因此，家长与宝宝的言语交流是重要而必不可少的。在宝宝还不会说话的时候，通过听觉进行的语言输入就尤为重要。宝宝出生后，家长在日常照料中要多与宝宝说话，经常叫宝宝的名字，宝宝主动发出声

音时家长要及时地回应，这些都为儿童语言的学习准备了条件。研究显示，儿童家庭语言环境与 2 岁左右儿童的语言能力显著相关。

十三、宝宝听觉异常早发现

按时体检有利于宝宝听觉异常的早发现。我国将新生儿听力筛查纳入儿童保健的基本服务内容，要求住院分娩的新生儿在出院前进行初筛，未通过者于 42 天内进行复筛，仍未通过者转听力检测中心。由于受伤、疾病或遗传因素等原因，出生时通过听力筛查的儿童仍可能面临进展性或获得性听力损失的风险。比如先天性巨细胞病毒感染的宝宝可能会有单耳的听力损失，并可能以后另一只耳也进展为听力损失，这种进展甚至可能持续到整个青春期。因此，有高危因素的新生儿，即使通过筛查，仍应结合听行为观察法，3 岁内每 6 个月随访一次。有耳毒性药物致聋家族史者，应当主动告知医生。

家长在日常生活中也要注意观察，关注宝宝的听觉发育。比如，观察 1 月龄左右的宝宝听到人声会不会停止哭泣；4 月龄左右的宝宝在听到大人发出的不同声音时是否有不同的反应；4～5 月龄的宝宝听到声音会不会朝声源的方向转头……如果在相应月龄没有观察到这些表现，家长要及时带孩子就诊。

积极带儿童参与定期的体检和听力筛查，有利于发现进展性或获得性听力损失，也有助于确定以后可能干扰语言发展和未来学业成功的永久性听力损失。

十四、保护宝宝听觉要注意的那些事儿

为了保护宝宝的听力免受损失，日常生活中要注意让宝宝远离强声或持续的噪声环境。要避免给孩子使用耳机，也要避免高频娱乐性噪声给宝宝听力带来损害。家长可以经常与宝宝面对面说话，轻声呼叫宝宝的名字，给宝宝听悦耳的音乐，或者用有悦耳声音的玩具与宝宝一起玩耍等。

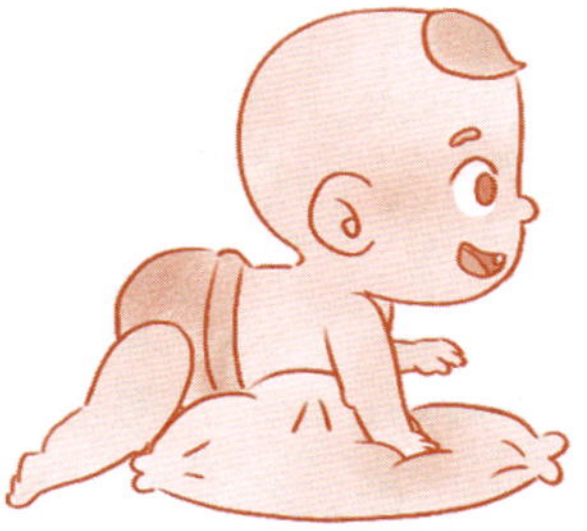

感染性疾病、耳毒性药物、头部外伤和中耳炎等是造成宝宝听力损失的常见原因。给宝宝哺乳时要预防呛奶和溢奶的发生，给宝宝洗澡或游泳时要防止呛水和耳朵进水，注意不要让液体流进耳朵。要避免宝宝头部受外伤，避免有异物进入宝宝外耳道，不要自己给宝宝挖耳屎。宝宝患腮腺炎、脑膜炎等疾病时，应当注意其听力变化。宝宝患感冒时，要及时清理宝宝的鼻涕，处理鼻塞。如果发现宝宝耳部及耳周皮肤异常，外耳道有分泌物或异常气味，有拍打或抓耳部的动作，有耳痒、耳痛、耳胀等症状，对声音反应迟钝，有语言发育迟缓的表现等，应及时就诊。

十五、深度知觉的发展与促进——运动知深浅

宝宝的深度知觉伴随着爬行、站立、走、跑等大运动能力的发展。有研究发现，有些 6 月龄左右的宝宝爬到床边时会停下来，他已意识到了深浅度的不同。宝宝深度知觉的能力与早期运动经验有关，尤其与宝宝爬行的经验有关。早期运动经验丰富的儿童，对深度更敏感，表现出的恐惧也更少，但是宝宝这方面的判断能力尚不完善，家长要做好安全保障。

爬行可以促进宝宝手触觉的发育，为宝宝深度知觉的发展提供经验，是促进儿童感觉统合能力发展的重要方法。家长能够给宝宝创造爬的机会，并且及时采取措

施预防“掉床”发生，这些对宝宝是非常有益的。从促进深度知觉的角度出发，建议家长可以在宝宝会爬后，在地垫上放枕头、靠垫、被子卷等让孩子爬过，使孩子有机会体验不同高低深浅，增加其经验和感知。

十六、大小 / 形状 / 空间 / 时间——宝宝几时知

研究表明，宝宝在 1 岁以内就知道了物体大小不变，也有了分辨简单形状的能力，但这些能力要转化为准确表达，还需要感知觉能力的进一步发展，以及空间、思维、想象、语言等多种能力的发展，因此，通常要达到一定的年龄和发育水平才能表现出“会”，如宝宝到 2 岁左右能辨别大小，表达出要大的还是小的。

形状知觉是视觉、动觉、触觉协同作用的结果，而能够表达或画出形状还需要空间、言语、抽象思维、手眼协调等多种能力的综合发展。新生儿对人脸形状有着天然的感知，6～7 月龄开始学习完全根据面部特征辨别不同人的本领，能告诉我们圆形、方形和三角形大概要 3 岁左右，能模仿画圆要 2.5～3 岁，能自己画圆大多数要 3.5～4 岁。

方位感上，宝宝方位知觉的发展顺序为先上下，次前后，再左右。通常情况下，3 岁左右能辨别上下，4 岁能辨别前后，5 岁才能以自身为中心辨别左右。

时间上，宝宝 2 岁后逐渐产生了时间知觉，能理解“现在”“等一会儿”等词的含义，宝宝 3 岁后逐渐具备清晰的时间知觉。

十七、亲子游戏促进宝宝感知觉能力发展

宝宝空间能力的发展离不开感觉和体验。家长可以在家中通过游戏使宝宝体会到其中的乐趣。比如，经常与宝宝玩儿小飞机的游戏，轻柔地将他 / 她举高、放下，或者搂着他 / 她的胸腹部向前、向后、向左、向右地飞；也可以与 1 岁以上的宝宝玩儿小秋千、小滑梯

等游戏；与 2～3 岁的宝宝玩儿形状分类、模仿小动物走路等游戏，比如小鸭子蹲着走、小兔子跳着走等，从而促进宝宝对方向、速度、节奏等的感知和调节能力的发展。

十八、在日常生活中促进宝宝感知觉能力发展

宝宝感知觉能力的发展需要从生活中对物体、事物的经验中不断提炼，早期学习机会正是为宝宝能力的发展提供了条件。家长需要给宝宝提供丰富的认识和感知事物的环境。比如 0～1 岁的宝宝，可以让他接触不同质地的家庭物品或玩具，并告诉他 / 她物品的名字；1～2 岁的宝宝，在保障安全的情况下，鼓励其参与日常活动中，做力所能及的事情，如帮家长拿拖鞋等，家长可以通过描述宝宝接触物品的形状、位置等，提高宝宝对感知觉的认知。2～3 岁的宝宝，可以让他 / 她练习自己穿衣、吃饭，带他 / 她去接触大自然、探索和尝试新事物，要鼓励和保护宝宝的好奇心，通过不同的活动来增加宝宝的体验。

十九、基于个体发育水平促进宝宝感知觉能力发展

促进宝宝感知觉发展，要与他们的年龄和发育水平相适应。比如和宝宝玩儿听指令摸五官或者方形、圆形、三角形的嵌合型板，这些游戏需要宝宝能听懂名称、感知方位，还要有手眼协调的能力，通常要到 2 岁左右。游戏中需要家长的耐心，需要从简单到复杂，从引导帮助到宝宝自己做，用宝宝可接受的方式发展相应的感知觉能力。

很多家长关心何时开始教孩子知识，这与教授的内容、方法和要达到的目的密切相关。对于阅读能力的培养，可以从婴幼儿期读绘本就开始。而对于数学，即便是数的概念，通常也要 3 岁以上，通过具体的形象，孩子才能理解；而加减法所需要的抽象逻辑思维能力，通常要到 6 岁左右才具备。

二十、发育问题越早干预效果越好

宝宝有自己的发展轨迹，很多心理发育问题主要表现为发育水平停留在小年龄段，或

者问题表现并不明显。因此，非常有必要对发现的问题及早、及时地进行关注、检查和评估，很多情况下需要连续、多次地监测评估。

同时，在进行进一步检查和观察阶段，家长有必要通过积极的交流、玩耍等方式，来促进宝宝能力的提高和发展。比如，体检发现宝宝精细动作差，家长在进一步检查的同时，可以通过与宝宝玩“拾豆豆”游戏、让宝宝自己吃饭、一起摆碗或择菜等活动进行早期干预，而不需要等到确诊，因为这些交流、玩耍对于宝宝是百利而无一害的。

我的感悟

1. 宝宝成长过程中，我做了哪些有利于宝宝感知觉发育的事情？

2. 我以后在哪些方面要注意，哪些方面要少做些或多做些？

第二节　促进认知发展

一、注意和记忆——学习的基础

“注意”和“记忆”是人正常学习生活中离不开的重要认知能力。注意是心理活动或意识对一定对象的指向和集中。人要正常生活和工作，就必须选择重要的信息，排除无关刺激的干扰，这是注意的基本功能。记忆是人脑对客观现实的反映，也就是将过去的经验通过识记、保持、再认和回忆的方式在大脑中反映出来。注意不是独立的心理过程，是记忆的前提，无法集中注意力就不可能产生记忆，这是人们获得知识、掌握技能、完成各种智力操作和实际工作任务的重要心理条件。

二、宝宝的注意力应从小发展

宝宝在新生儿期就有了注意力，大的声音会使他/她暂停吸吮及手脚的动作，明亮的物体会引起宝宝视线的片刻停留，这些是最原始的初级注意，也就是定向性注意。

新生儿的注意已有选择性，1～3 月龄宝宝更喜欢看正常的人脸，对物体更喜欢看曲线、不规则图形，如对称的、集中的或复杂的。3～6 月龄宝宝更积极、主动地

用视觉观察和探索周围环境，复杂、有意义、可看见和可操作的物体更能引起他们持久的注意和兴趣。对于这个年龄段的宝宝来说，他们的注意通常是被吸引的，是客观物体和事件引起了他们的注意，如 1 月龄的宝宝不是自己选择去注意人脸，而是人脸吸引了他 / 她的注意。

6 月龄内的宝宝虽然不会说话，但可以通过游戏与玩耍促进他们注意、记忆和语言能力的发展。所以，日常生活中，可选择一些音质优美、音频（以低频为主）和音量变化的声音，或录制宝宝自己的哭声来诱导婴儿听觉注意的发展。多带宝宝去户外活动，观察大自然的各种事物。家长可选择一些色泽鲜艳的玩具或者一些人物玩偶，与宝宝一起在家中玩耍，也可给他 / 她看一些适合的动物、交通工具等各类图片，以促进其视觉注意和选择性注意的发展。

三、关注 0～6 月龄宝宝注意力的发展

家长可以通过一些日常表现观察宝宝注意力的发展，比如周围有人声或人物、玩具出现的时候，宝宝是否有停顿、转头、注视等注意到的表现，也可以在宝宝清醒且情绪稳定时，将铃铛在宝宝左耳、右耳分别轻轻摇动，观察其是否将头转向声音发出的方向，如果总是对铃声“听而不闻”“不予注意”，首先要考虑是否有听觉异常。在注意选择性方面，可观察宝宝对于熟悉与不

熟悉人的注意行为，比如 2 月龄宝宝在妈妈出现时开始有高兴、积极的表现，如果反应无明显差别，可能是选择性注意还没有发展起来，可以通过积极的亲子互动加以促进，必要时及时到医院进一步检查。

积极的亲子互动不仅可以建立感情，发展婴儿的注意力，同时也有利于锻炼他们的记忆能力。但是在与宝宝互动时，要注意观察和配合宝宝的情绪和兴趣，以宝宝为中心进行互动，这一点对其健康成长很重要。如果宝宝自己在关注某一事物时，不宜随便打断他 / 她的注意行为，以促进其注意稳定性发展。

四、6 月龄后宝宝的注意力更受其认识和经验支配

6 月龄以后宝宝的睡眠时间减少，白天经常处于清醒状态。这时的注意开始从视觉和听觉向吸吮、抓握、够物、操作和运动等日常活动扩展。这时的注意越来越受宝宝认识和经验的支配，受当前事物 / 人在宝宝社会认知体系中的地位及宝宝所感知的自己与他们之间的关系所支配和影响。如宝宝对熟悉的面孔微笑、对陌生的面孔焦虑，就是由经验支配的注意现象。

五、共同注意是儿童语言和社会发展的里程碑

共同注意是两个人对某一物体或者事件分享彼此的注意力，并能关注对方对这个物体或事件的注意力。共

同注意在宝宝 9～15 月龄开始发展，表现为跟随他人的视线、手指等；到 18 月龄左右，宝宝能够将自己感兴趣的东西（如玩具）主动分享给他人，主动地引导他人与自己产生共同注意。共同注意是儿童语言和社会能力发展的重要先兆，在儿童早期发展中具有里程碑式的作用。如果无法与他人产生共同注意，宝宝就无法跟随和理解社会互动，也会失去很多学习的机会。在与宝宝做游戏时，家长要以宝宝为中心，跟随其节奏，配合和支持宝宝的活动，以培养他们的共同注意，锻炼其主动意识和创造能力，加强亲子关系。此外，宝宝在同伴交往活动中可以表现出更多自发性共同注意行为，因此，可以在日常生活中多带宝宝与小伙伴一起活动、玩耍。

六、幼儿期是注意力发展的关键期

1 岁以后，言语的产生与发展使宝宝的注意活动进入更高的层次。此期宝宝的注意活动有一个明显的特点，当他 / 她听到成人说出某个物体名称时，便会相应地注意那个物体，而不管其物理性质如何、是否新异刺激、是否满足自身需要。宝宝注意时间逐渐延长，18 月龄宝宝集中注意时间可达 5～8 分钟，2 岁宝宝能集中注意 10～12 分钟，30 月龄宝宝能集中注意 10～20 分钟。

幼儿期是注意力形成和培养的关键期，这个时期如何培养注意力呢？家长可以每天安排一段与宝宝一起玩耍的时间，这段时间的玩耍由宝宝主导、家长配合，共同完成宝宝感兴趣的游戏。宝宝玩得很投入的时候，不要随意打断。随意打断会干扰宝宝的活动，不仅不利于其注意稳定性的培养，对其认知发展也有干扰作用，同时容易让宝宝情绪烦躁。如果必须要打断宝宝，也需要给些时间让宝宝从原来高度注意的情境中抽离出来，可以提前 10 分钟告知，每 5 分钟提醒一次，这样也可以减少宝宝的抗拒。

七、宝宝记忆力的发展

人类在妊娠末期（妊娠 8 个月左右）就有了听觉记忆，出生后有再认表现，比如能对妈妈的呼叫声作出反应，听到胎儿时期经常听的音乐会很快安静下来。新生儿满月时已有长时记忆能力，罗依－科利尔利用操作性条件反射原理（如婴儿踢腿来让与其腿部相连的玩具运动）证明 2 月龄宝宝能够记住物体，记忆可保持 1 天，3 月龄宝宝记忆达 1 周，而 6 月龄宝宝记忆可保持 2 周。1 岁时，宝宝的视觉记忆可保持数天，对某些有意义的刺激（如人脸照片）能保持数周。1 岁后，言语的产生和发展使语词逻辑记忆能力的产生成为可能。

宝宝很小就有视觉和听觉记忆能力了，但主要是机械记忆能力和表象记忆，还没有逻辑记忆能力。家长每天可以给宝宝重复播放一些短小的儿歌、数字字母歌或者小故事。重复播放各种音乐或者故事声碟，可以使宝宝通过反复刺激学习和记住其中的内容。这些活动可以为宝宝将来语言和认知发展打下良好的基础。另外，与口头语言相比，宝宝对肢体语言更敏感。家长与宝宝交流玩耍时，可以尽量地声情并茂，并配合夸张的肢体语言。

八、幼儿的记忆策略和元记忆开始萌芽

幼儿期记忆的容量、持久性、记忆的抽象性和目的性均有显著发展。与婴儿比，幼儿的记忆容量显著增加。记忆的保持时间是指从识记到再认或再现之间的时间间隔。有研究发现，对图片再认的保持量，小班幼儿平均为 7.47 张，中班幼儿平均为 11.38 张。研究发现，2 岁能再认几个星期前感知过的事物，再现几天前的事物，3 岁能再认几个月前的事物，再现几个星期前的事物。幼儿记忆以直观形象性为主，词的逻辑抽象记忆能力还不足；整个幼儿期的记忆以无意识记忆为主，有意识记忆大概开始于 4 岁，基本上以成人提出的记忆任务为主。

元记忆是人对自身记忆活动的认识、评价和监控过程，是一个极其主动的加工过程，包括对自身记忆能力、记忆任务和记忆策略方面知识的了解。幼儿的元记忆水平还比较低，难以客观地评价自己的记忆能力和记忆任务的难易程度，记忆策略也比较有限。有研究者认为，2 岁以后宝宝能够开始形成记忆策略，但也有研究者认为 4～5 岁前宝宝的

记忆过程比较被动，没有策略、计划和方法。虽然幼儿的元记忆和记忆策略发展水平比较低，但幼儿能够部分地保留个体早期的记忆，能够对其周围人、事、物进行有效的记忆，这有效地推动幼儿心理发展。

九、放飞宝宝的想象力

富有想象力是儿童的天性，想象力能够激发儿童的学习兴趣，提升和延伸创造力。爱因斯坦说："想象力远比知识更重要，因为知识是有限的，而想象力概括着世界上的一切，推动着进步，并且是知识进步的源泉。"

儿童想象的萌芽出现在 1 岁半到 2 岁，幼儿期是想象发展最活跃的时期，2～3 岁的幼儿形象思维的灵活性逐步增强，想象力也发展起来。儿童的想象力包括无意想象、有意想象、再造想象、创造想象和幻想。幼儿想象发展的一般趋势是从简单的自由联想向创造性想象发展，即从无意性发展到开始出现有意性，从想象的、单纯的再造性发展到出现创造性想象的萌芽，从夸张的想象发展到合乎现实的逻辑性。在幼儿想象中，无意想象占主动地位，有意想象在教育的影响下逐步发展。

生活是幼儿想象力的源泉，游戏是放飞想象的法宝。幼儿把日常生活中的行动迁移到游戏中去，就有想象的成分，比如假装打电话、假装给娃娃喂饭等。在日常生活中多给儿童一些自由探索的机会，帮助他们对周围的事物产生兴趣，运用各种感官、动手、动脑的机会去探索，发挥想象的能动性。对于幼儿在日常活动、游戏中的发现，照养人要给予充分的鼓励，对于幼儿对周围的好奇、发问和大胆想象，照养人要给予充分的支持，和儿童一起享受这美好的童真童趣。

十、模仿——在"跟你学"中成长

模仿是宝宝学习、掌握解决问题技能的必要手段，模仿能够促进儿童与父母之间、儿童与环境之间的相互作用，促进儿童不断增强灵活性、对游戏的兴趣和好奇心。

婴幼儿期，宝宝的模仿能力发展很快，从无意识的、不自觉的模仿到有意识的、自觉的模仿，模仿的内容也越来越复杂。宝宝从出生第一天就开始模仿了，比如模仿面部表情和发音，模仿大人张嘴、伸舌等。6 月龄的宝宝注意周围人的举动，试图模仿一些发音和连贯的词，也学习模仿挥手、拍手等简单的动作。10～12 月龄的宝宝不仅会直接模仿成人的动作，还会模仿一些人和动作的特征。看到别人做鬼脸，也会学着做。12～18 月龄的宝宝通过模仿学会了做游戏，比如学着妈妈的样子哄娃娃睡觉。随着宝宝记忆力的发展，18 月龄后，儿童的延迟模仿能力增强，之前看到的动作、听到的话，几天之后还能够模仿出来；他们也开始模仿复杂的动作，并渐渐领会这些模仿游戏代表的意义。

模仿是人类天生的基本能力，这种能力的发展有赖于后期的环境经验。与宝宝玩儿，给宝宝创造“跟你学”的机会，宝宝才能通过观察和实践不断发展出各种能力。

十一、婴幼儿的思维发展靠行动

思维是人的高级认知活动，是智力活动的核心。思维过程包括了分析与综合、比较与分类、抽象与概括、系统化和具体化的过程。

幼儿的思维能力不是一下就发展起来的，需要耐心培养。著名的儿童心理学家让・皮亚杰认为，儿童思维发展经过了直觉动作思维、具体形象思维（2～7 岁）和抽象概念思维（6～8 岁开始）3 个阶段。0～2 岁婴幼儿的思维主要是直觉行动思维，在动作中思考。他们通过伸手和抓握等动作，开始注意物体的空间关系；通过藏猫猫的游戏，明白了消失在眼前的物体仍然存在。2 岁后幼儿的具体形象思维不断发展，以自己的身体和动作为中心，依赖于事物的具体形象，逐渐知道左右、前后，认识了大小和形状。

幼儿的思维是在与周围人和事物互动中发展起来的，与对物体的感知和采取的行动分不开。促进幼儿思维的发展要基于儿童已有的发展水平，不可盲目揠苗助长。日常生活中，给婴幼儿创造看、听、触摸等机会，多与婴幼儿互动、交流，给婴幼儿提供合适的玩具，在游戏玩耍中使婴幼儿从多维度观察事物的不同规律。带婴幼儿走进自然，培养婴幼儿思维的广阔性、逻辑性、敏捷性和灵活性等。

我的感悟

1. 宝宝成长过程中，我做了哪些有利于宝宝认知发展的事情？

2. 我以后在哪些方面要注意，哪些方面要少做些或多做些？

第三节　促进情绪情感和社会性的发展

一、生命早期的情绪体验和发展意义重大

情绪是一种由客观事物与人的需要相互作用而产生的包含主观体验、生理唤醒和外显表情的整合性心理过程。主观体验是个体对不同情绪状态的自我感受；生理唤醒是生理的激活水平，如血压、心跳、呼吸、内分泌系统等的变化；外显表情包括面部表情、姿态表情和语调表情。情绪反映了客观事物与人的需要之间的关系：如果客观事物满足我们的需要，我们会产生积极的情绪，如快乐；如果客观事物没有满足我们的需要，我们可能会产生消极的情绪，如愤怒、悲伤等。情绪既是人的心理活动中动力机制的重要组成部分，也是个性形成的重要方面。

生命早期的情绪体验和发展会影响宝宝认知、行为、社会关系及个性形成与发展，对人一生的健康和发展具有重要意义。如宝宝表达喜悦的微笑能促进社会交往，建立和加强社会联结与依恋；对新奇、变化和运动的事物感兴趣会引导宝宝对物质和社会环境进行探索，从而促进认知发展；悲伤则会引发他人的同情与帮助，这对需要依靠他人生存的宝宝来说具有重要意义；而愤怒则会让宝宝对束缚与不适表示反抗，从而让他人对目前发生的事情作出改变。

二、及时回应和满足是促进情绪情感发展的法宝

新生儿已经有了初步分化的情绪反应，包括惊奇、伤心、厌恶、初步的微笑和兴趣。2 月龄以内的宝宝，情绪行为主要与自身生理需要有关，如饥饿、生病等。哭是新生儿对外界环境变化不适应的主要表达方式，但因感知觉水平限制，2 月龄以内的宝宝尚不能分辨不同面孔、不同声音等，宝宝对他人的情绪状态也不敏感，宝宝与不同人进行的是无分化的交往。

2月龄以后，宝宝开始能较明确感受他人情绪，对母亲的笑脸或趋近报以愉快的情绪反应，对母亲的悲哀面容亦表现悲伤表情。此时宝宝开始能预料并应用自己的情绪反应来影响母亲的行为，在发出情绪信号后学会等待，这种等待需要家长及时满足与实现，宝宝“期待－实现”的行为反应模式可成功建立母－婴信赖感，是母－婴安全依恋关系的基础。如果没有得到及时满足，可导致宝宝过多哭泣或感情淡漠，影响宝宝对成人的信赖感与情感的正常发展。

生活小故事

有家长认为，小孩子不能惯着，哭就让他哭，不要去抱他，以免宠坏了，老是要人抱。

专家点评

这不适用于婴儿。哭是婴儿出生后表达需求最主要的方式。婴儿哭意味着他/她有需求或者不舒服，如饿了，大、小便了，肚子痛、需要人陪伴等，婴儿通过哭寻求成人的帮助。婴儿早期帮助其情绪发展的主要任务是发展信任感，克服不信任感。父母通过及时满足婴儿基本需求，如饥饿、渴及关爱等，可以使婴儿产生基本信任感。如果婴儿发出的情绪信号没有得到家长的及时回应和满足，会导致婴儿过多哭泣或情感淡漠，甚至影响婴儿的身心发育及对成人的信赖感和健康情绪的形成。

三、应对宝宝的分离焦虑

6 月龄的宝宝能感知面部表情的细微变化，能通过面部表情更精细地识别他人的情绪，也能将积极表情（如快乐）和消极表情（悲伤）等区分开，并作出不同的反应。6～8 月龄的宝宝情绪已呈现多样化，对照养人（主要是母亲）的依恋情绪逐步建立，开始对母亲离去表现不安与伤感，对陌生人表现紧张和恐惧。宝宝运动能力发展迅速——会爬或走后，可主动采取爬或走来趋近母亲，以克服焦虑和恐惧。7～9 月龄宝宝的依恋是一种外化行为，即对主要照养人产生分离焦虑。随着婴儿认知能力发展，他们形成“客体永存”概念，逐渐意识到母亲离去还会再返回。

6～12 月龄的宝宝可能出现对陌生人的焦虑，并与母亲建立强烈的依恋关系，对母亲离开表现出明显不安和伤感，而母亲返回，宝宝会很快安定下来玩耍，并与母亲保持互动，特别是 9 月龄后的宝宝这种行为会很明显。如果宝宝不认生，对母亲的来去无所谓，要注意两种可能：一是宝宝没有与母亲建立起安全型依恋关系，这可能影响宝宝后期的性格和对人的信任；二是要留意宝宝的行为与发育情况，如社会交往、语言发展、刻板行为等，必要时找专业医生进行排查。

0～3 岁阶段，宝宝与父母的依恋关系对其发展非常重要。错过这一阶段，亲子关系会受到非常大的影响，甚至影响其一生中安全感、自信心和性格发展。研究发现，与陪伴

生活小故事

宝宝 8 月龄后特别认生，见到陌生人或到了陌生环境就会哭泣或回避，立刻寻找或抱紧妈妈，宝宝这种行为是否不正常？

时间比，父母陪伴孩子的质量对安全型依恋的建立更为重要。所以，建议父母与孩子共同生活并高质量陪伴孩子，如下班后抽出至少 20 分钟时间全心全意陪伴孩子，放下手机或者手头工作。

专家点评

宝宝的这种行为一般是正常的。6 月龄后婴儿开始能区分陌生人和熟悉人，并产生分离焦虑，害怕与主要照养人（通常是母亲）分离，看到陌生人就感到害怕，会哭泣或回避。这个时期要多给予宝宝高质量的陪伴，与宝宝建立良好的依恋关系。父母上班离开时要和宝宝打招呼，不主张偷偷溜走。同时也可多带宝宝去接触不同的人和环境，不要求立即融入，观察和接触同样是儿童早期学习的重要方式。

四、幼儿期学习表达和控制情绪

到了幼儿期，宝宝情绪更加丰富和成熟，情绪的掩饰和调整策略逐渐发展，对自己和他人的情绪理解力提高了，也能较好地表达自己的情绪。1 岁后，随着语言理解能力的发展，当成人用语言对宝宝提出控制情绪的要求时（如打针不哭），宝宝开始逐渐学习控制自己的情绪。同时，宝宝也学会用语言表达自己的情绪，引导成人帮助他们调节情绪，如他们害怕会说“怕，怕”，家长可以用搂 / 抱等方式安抚他 / 她。

对于两三岁的幼儿，家长要鼓励宝宝情绪表达，教

宝宝如何正确表达情绪和调节情绪。当宝宝有情绪的时候，家长可以首先去安慰宝宝，等宝宝情绪平复后再讲道理。对宝宝的无理取闹可采取冷处理的方法，比如在保护其安全的情况下，忽视其哭闹行为。这样做的目的是告诉宝宝这种方式不是一种有效的沟通方式。

随着宝宝自我意识的出现与发展，他们开始有了自己独立做事的愿望，尝试并学习吃饭、穿衣等许多独立发展的技能。此阶段家长常觉得宝宝出现了“小叛逆”，总是喜欢说“不”，这是宝宝能区分自己与他人不同的标志，也是宝宝学习从他人角度考虑问题的基础，对宝宝社会性发展具有重要意义。建议家长理解宝宝的这一心理发展特点，给宝宝指令时留有选择的余地，如想让宝宝吃水果，可以问他“你吃苹果，还是吃樱桃？”

五、幼儿的情绪与情感发展

随着母婴安全型依恋的建立，12 月龄后宝宝逐渐产生内在、稳定的安全感，18 月龄宝宝可重现依恋场景，有助于减轻宝宝与母亲分离产生的焦虑情绪。在前期建立的安全型依恋关系基础上，2 岁后宝宝能逐渐理解父母的愿望、情感和观点等，调节自己的行为，学习承受短暂分离，并逐渐发展伙伴间的关系，体验和发展更多的情绪。1～2 岁的宝宝尚不能站在他人的角度理解他人的情绪和行为；2 岁以后，宝宝能从他人角度理解他人

不安的来源，如宝宝会说："他哭了，他妈妈骂他"，表达幼儿对他人需求及意向的理解和猜测。2 岁后宝宝与同伴的交往对情绪发展十分重要，与同伴交往过程中宝宝发展自我意识，形成共情、羞愧、内疚等多种情绪；同时，恐惧、焦虑、愤怒、愉快等情绪也逐渐分化与发展。

六、促进安全型依恋关系的建立

依恋（attachment）是婴儿与主要照养人（通常是母亲）在养育过程中形成的一种紧密而长期的情感联结。研究者通常把婴儿的依恋分为安全型依恋、焦虑－回避型依恋、焦虑－反抗型依恋和混乱型依恋，后面 3 种均属于不安全型依恋。

一般认为和照养人建立安全型依恋的儿童具有良好的社会适应能力，而不安全型依恋的儿童在以后的发展中倾向于表现出消极的个性特征与不良社会适应能力。研究显示，安全型依恋模式有利于儿童身心健康、社会化发展，有利于个体成长过程中人格的完善，生活中更自信、更热情、更有好奇心，更有能力，更能与人合作；而不安全型依恋儿童在幼儿园或小学阶段容易表现出较多的行为问题，如依赖性强、社交能力差、与教师摩擦冲突较多等，或者使母亲产生抚养无能感，甚至可能出现精神、心理异常倾向，成人期婚姻质量较低等。婴儿期混乱型依恋模式也是儿童期攻击行为的预测因素之一。

依恋的发展受到众多因素的影响，最根本的取决于与婴儿有关的母亲的行为。婴儿与母亲在一起的时间的绝对值并不能决定依恋的性质。抚养质量，尤其母亲的回应性、敏感性，是影响儿童依恋安全性的重要外因，研究发现，对婴儿的需要、信号高度敏感的母亲，其宝宝多属于安全型依恋。儿童自身气质反过来也会影响母亲和儿童的互动，母亲养育方式如果与儿童气质相符合，则有利于形成儿童的安全型依恋，否则可能形成不安全型依恋。

为了促进安全型依恋关系的建立，母亲要注意以下几点：首先，要提高抚养质量，及时发现孩子的需要，给予积极回应，及时满足儿童的各种合理需要，应主动调节自己的行为以适应儿童的发展规律，而不是把自己的行为、习惯强加给儿童；其次，要创造健康、宽松、稳定的家庭环境，家庭成员之间相互尊重、民主、平等；再次，要根据儿童的气质类型采取合理的育儿方式，因材施教；最后，要注意对孩子的爱是充满感情的，但又是理智的。

七、缺乏安全型依恋怎么办

缺乏安全型依恋的儿童主要有以下表现。

1. 焦虑－回避型儿童 在与主要照养人分离的时候很少哭闹，无紧张或忧虑；在重聚时，没有欢迎或接近，表现出忽视及躲避行为。

2. 焦虑－反抗型儿童 在与主要照养人分离时表现出强烈反抗，感觉分离给他/她带来极度的痛苦，在重聚时出现矛盾反应，既想寻求接触，接近时又反抗，甚至发怒。

3. 混乱型儿童 他们同时表现出回避和反抗，他们行为中最明显的特点就是混乱，漠不关心和歇斯底里共存的一种状态。

如果早期没有建立良好的安全型依恋关系，不要过于担心和绝望，儿童的心理发展具有巨大的可塑性，很多早期依恋类型的消极影响可在后来的环境中加以修正。持续、高质量的养育照护对儿童来说非常重要。除及时满足儿童生理需求外，还可以通过以下方法来不断提高对儿童的养育照护质量。

★ 发展照养人的敏感性，善于发现孩子的需求。照养人对孩子需求所作出的敏感、及时和恰当的回应是安全型依恋形成的关键。在养育过程中多观察孩子，识别和理解孩子发出的各种信号，并及时、恰当回应。同时注意保持对孩子需求反馈的一致性。

★ 与孩子互动时，采用积极回应。给予孩子充满感情的积极回应，向孩子表达爱、尊重和赞美，包括用身体、语言和表情等，如拥抱、点赞等。

★ 养育照护中以孩子为中心，关注孩子的兴趣。对孩子有合理的预期，避免以家长自己的需要和心情要求孩子去做他们无法达到的事情。

★ 鼓励孩子积极探索周围的环境，并在他们需要的时候对他们提供帮助和保护。不要强制孩子停留在他/她感觉不安的环境，也不要强迫孩子去做他/她觉得不安的事情。

★ 避免打骂和忽视孩子。不要以任何形式体罚、侵害和虐待孩子，这与不安全型依恋密切相关。父母不要将孩子较长时间单独一个人留在房间，更不能将孩子作为照养人发泄情绪的对象。

八、认识自己——自我意识的早期萌芽

自我意识是一个心理学名词，是个体对自身心理、生理和社会功能状态的知觉和主观评价，也就是指主体对其自身的意识。当婴儿能意识到自己是与他人不同的实体后，就有了自我意识。自我意识在个体社会性发展中处于中心地位。若自我意识发生偏差，可能对个体的行为、学习及社会能力造成不良影响，导致情绪不安、脾气暴躁、缺乏自信、执拗任性、不能和别人友好相处等，使个体的人格发展发生偏离。

自我意识不是天生的，是在与实际生活环境、社会环境的相互作用过程中逐渐形成和

发展起来的。因为自我意识决定了个体对自己的感受并指导个体的行动，影响其个性形成，因此父母在养育孩子的过程中，应努力培养孩子良好的自我意识。

1. 认识自己 婴儿期，我们可以通过各种活动让孩子认识到自己是动作的主体，如通过被动操帮助孩子活动身体来让孩子逐渐认识自己的身体，通过抓、坐、爬、模仿等主动活动让孩子逐渐认识自己是动作的主体。

2. 认识别人 在照顾孩子的过程中，照养人多与孩子交往互动，促进言语、动作和情感交流。描述你和孩子正在做的事情时，清楚描述“谁在做什么”，描述孩子看到或摸到的事物，如“宝宝的手摸到了妈妈的鼻子”，与孩子建立良好的依恋关系。

3. 正确评价 孩子会依据父母的评价开始认识自我，并形成一定的自我意识。父母客观地评价孩子，多给予孩子温暖情感、理解、鼓励，有利于孩子趋向于肯定自我，形成积极的自我意识。建议在照顾过程中多去尝试：表扬孩子正确的行为，鼓励孩子失败的尝试，肯定孩子努力的过程，理解孩子的不良情绪。

4. 统一态度 父母对孩子教养的一致性，有利于孩子形成统一的价值观，有助于良好自我意识的发展。全家统一规矩，全家人都要遵守，尽量避免区别对待、朝令夕改的教养方式。

5. 有效沟通 养育过程中愿意倾听，努力尝试与孩子共情，理解孩子，有了有效的沟通再进行正确的引导。避免对孩子一味否定，或将孩子目前的不足贴上永久的标签。

九、性格培养从小做起

0～3 岁的婴幼儿身心发展迅速，可塑性强，是儿童性格培养的重要阶段。儿童早期良好性格的发展能为终身的发展奠定基础。父母良好的教育方式，是塑造儿童良好性格的基础和保障。合作型家庭环境更有利于儿童良好性格的形成和发展，而相对于专制型教养方式和放纵型教养方式，民主型教养方式更利于儿童发展为活泼、快乐、直率、善于交往、思想活跃、独立坚韧、适应能力强、抗挫能力强的积极性格。养育过程中父母应该努力去恰当、及时地回应儿童的需求，倾听儿童的想法，肯定和鼓励儿童的努力及成果，帮助他们克服困难，在不违反既定规则的前提下，建立孩子是一个独立个体的观念，让孩子拥有提出意见的权利，并尊重孩子的想法，从各个方面为孩子性格发展提供最有利的环境。此外，还要关注以下几个方面。

1. 给孩子足够的安全感 0～3 岁阶段父母要及时满足孩子的生理和情感需求，给孩子足够的安全感，以帮助孩子未来能更从容地应对各种压力，提高其社会交往能力，降低其焦虑、抑郁发生的可能性。

2. 培养孩子的独立性 随着孩子逐渐长大，他们学会了独立行走，运动、认知、自我意识等方面逐渐发展，孩子开始有了自己的意愿，并逐渐根据自己的意愿行动，这是婴幼儿自主性发展的重要阶段。孩子开始喜欢自己动手做事，什么都想自己来干，父母应意识到这是培养孩子独立性的有利时机，要尽力去满足孩子的独立需求，给予帮助、鼓励和支持，让孩子从自己的行动中体验到成功，体验到克服困难后的快乐，意识到自己的力量和能力，促进婴幼儿独立性、自主性和能力的发展。

3. 促进孩子良好的适应能力 在孩子成长过程中需要不断去适应新的环境，比如去小朋友家、上幼儿园，新环境可能让孩子感到不安、无助、忧虑、紧张或恐惧。首先，父母要理解孩子产生这些情绪是正常的，陪伴并给予孩子足够的时间，耐心帮助孩子逐步适应。不同气质类型的孩子有不同的适应时间和过程，父母不要按照“别人家孩子”，甚至自己认为的能力标准，去要求孩子，更不要为了“面子”而强迫孩子。在进入新环境前，可以提前用语言或画面等帮助孩子了解新环境，使其对将要发生的事有预知；家长有必要稳定情绪，积极鼓励孩子，给予更多的理解、耐心、信任、关心和爱护，以帮助孩子逐渐消除不安与焦虑。

十、婴幼儿社会交往能力的发展

社会交往，简称“社交”，指在几个人之间相互往来、进行交流的行为。社会交往是儿童融入群体、进入社会的重要保障。

婴儿的社交首先源自亲子依恋关系的建立。从出生到 6 周，婴儿表现出无差别地与他人互动，即新生儿对母亲和其他人没有区别对待。6 周～8 月龄，婴儿开始形成有差别的依恋关系，一般婴儿对照养人（通常为母亲）会更多微笑和互动，母亲的陪伴也更容易让孩子安静。9 月龄～2 岁，宝宝开始进入明确的依恋阶段，该阶段宝宝出现明显的陌生人焦虑和依恋行为，而 2 岁后建立安全感的宝宝开始扩大社交范围，和小伙伴们交往。

宝宝在很小的时候就开始了同伴间的交往，1 岁左右开始和小朋友交换物品；20 月龄左右，宝宝模仿其他小朋友操纵物品的行为，随后这种以物品为中心的交流逐渐减少；16 月龄至 3 岁，宝宝与同伴的互补和协作逐渐增多，表现为社会取向的交往。宝宝快 2 岁时，开始玩儿假装游戏，不仅自己玩儿，还和同伴一起玩儿；宝宝 2 岁后，玩儿区分角色的扮演游戏；3 岁左右的宝宝一般都有自己固定的玩伴。

为了提高孩子的社交能力，我们可以从以下几个方面培养。

1. 孩子 1 岁以内，父母需要做到及时发现孩子的需求，恰当地给予回应，建立良好的亲子关系，给孩子足够的安全感。可以带孩子经常出去玩耍，多见见不同的人，但这个时候如果孩子对陌生人表现出焦虑，家长不用担心，这是正常现象，可以尝试让孩子慢慢适应。

2. 孩子 1 岁以后，可多尝试用不同的语气、表情向孩子表达自己的心情和感受，孩子模仿你的动作、声音表达情绪时，要及时给予反馈。多创造孩子与其他儿童共处的机会，他们不一起玩儿也没关系，允许他们在这样的环境中自己玩儿自己的。不要在孩子不愿意的时候强制他们去“分享”自己的东西；如果孩子出现争抢玩具的情况，可以用及时转移注意力的方式化解矛盾，不用过多地去讲道理。

3. 孩子 2 岁以后，家长可以多创造孩子们一起玩耍的机会，逐渐培养规则意识。孩子们发生冲突时，父母不用太紧张，也不用急着判断对错，可听一听他们的感受和说法，再慢慢引导孩子怎么做更好，潜移默化去提高孩子的社会交往能力。

4. 孩子 3 岁以后，家长要尊重孩子在同伴交往中的角色定位，使孩子在同伴交往中找到自己舒服的状态，避免过度干预。提前明确规则与后果，尤其是孩子出现强烈的攻击行为时，应注意引导，不能听之任之。

十一、孩子不善交往怎么办

如果父母发现孩子不与人交往，或交往时很容易发生冲突，导致没有同伴和他 / 她玩儿，这时候父母有必要积极寻找原因，给予耐心的引导或及时寻求帮助。儿童不善交往的原因很多，如以下几方面。

1. 儿童社会交往能力发展不足 儿童社会交往能力是逐步发展起来的，不同年龄段儿童在与照养人、同伴、陌生人等的交往中表现不同，如果家长觉得孩子“不善交往”，有必要了解该年龄段儿童应具备的社会交往能力。如果儿童尚未达到相应年龄段社会交往能力的发育水平，则表现出与同龄伙伴交往困难，例如孤独症谱系障碍儿童、语言发育不良儿童，都可能出现社会交往不良的行为，这个时候家长要提高警惕，及时找专业医生进行评估，以便及早干预。

2. 儿童的气质类型 儿童先天气质不同，要因材施教。对难养型气质或发动缓慢型气质类型的儿童，在家庭养育和交往互动中要给予其充分的适应时间，不要过度地勉强，当孩子表现出良好的互动行为时，及时表扬和鼓励。在儿童的游戏和生活中，注重表达能力的培养，引导和鼓励孩子用语言或行为表达自己看到的、想做的、感受到的。

3. 不恰当的家庭养育方式 有的家长可能过度溺爱孩子，使儿童难以理解他人感受、过度霸道，这不利于儿童同理心的发展。也有的家长可能过度严厉，采用强制性教养方式，与孩子沟通少，孩子不服从则使用强力和惩罚，这种养育方式可能导致儿童更容易愤怒和反抗，在外交往时采用攻击行为增多，或者退缩、依赖，不敢与人交往。因此，父母有必要多反思并提高自己的养育技能。家庭成员的养育态度要保持统一，坚持原则；对孩子提出合理要求，并提出合理的限制条件；要注意尊重孩子，对孩子表达温情和爱，耐心倾听孩子的观点；注意鼓励孩子的社交能力发展。

4. 缺乏良好的社交技能 儿童因年龄或心理发育水平未达到相应的能力要求，或者孩子很少有机会与小伙伴玩耍，而导致其缺乏社交技能的学习机会，不会把自己的想法用合理的行为表达出来，或者采取不被别人接受的交往行为和方式，如用攻击行为或者不恰当的身体接触表达自己的喜欢、通过抢夺别人的物品表现亲密等。父母可多让儿童参加集体活动，多创造孩子和同龄人交往的机会，引导孩子去邀请小朋友，也要鼓励孩子接受别人的邀请；每次游戏后父母都可以表扬孩子做得好、做了什么事情非常棒，来增强孩子的自信心，让孩子感受到与人交往的快乐。父母也可利用绘本或在日常生活中教给幼儿社会交往技巧，如学习合作、互助、轮流、等待等。

十二、闹情绪的宝宝如何安抚

每个人的情绪都会变化，宝宝也是一样的。在日常生活中，宝宝会出现拒绝、生气、发怒、哭闹、害怕等多种情绪表现，父母要怎么做，如何进行安抚呢？

1. 尽快找到原因。宝宝哭闹是对不良情绪的宣泄，因此我们需要寻找到宝宝的情绪是什么，导致不良情绪的原因是什么，找到原因才能有效、恰当地安抚。例如哭闹不止可能是饥饿、身体不适等生理性原因，也可能是悲伤、愤怒、恐惧等情绪导致，找到原因，才能平静耐心地安抚宝宝，帮助他们学习应对情绪，而不能简单地抱起来摇晃或者一句“不准哭”来对待。

2. 不同情况采用不同的安抚方式。如果是生理需求，就及时满足宝宝的需求；如果是疾病原因，就及时带宝宝就医。如果还不具备语言交流能力的宝宝因为不合理的要求没有被满足而出现哭闹、发怒等行为，可采取转移注意力的方法进行安抚。如果具备语言交流能力的宝宝，建议不要着急去安抚，可先采取冷处理的方式，让宝宝哭闹一会儿，待宝宝哭闹不剧烈了，再过去安慰和引导。如果宝宝因为恐惧而哭闹、惴惴不安，可以先陪在宝宝身边，给宝宝足够的安全感，暂时去掉直接导致宝宝恐惧的因素，如果怕黑就把灯打开。

3. 接受宝宝恰当的情绪宣泄方式。适当的情绪宣泄有利于宝宝心理健康，作为家长需要学会理解和接纳，而不是一味地制止。但接纳不等于放任，父母要引导宝宝正确表达需求和情绪，并且起到榜样示范作用。比如宝宝发脾气时，父母的耐心陪伴和教育就是很好的示范。

我的感悟

1. 宝宝成长过程中，我做了哪些有利于宝宝情绪和社会情感发育的事情？

2. 我以后在哪些方面要注意，哪些方面要少做些或多做些？

第二章

关注玩耍与运动

第一节 游戏玩耍的意义

一、玩儿是儿童的天性，游戏是早期学习的好方法

玩儿是儿童的天性，游戏是儿童的挚爱。婴幼儿通过玩儿和游戏开始早期学习，了解世界，在日常的玩耍与游戏活动中，婴幼儿获得运动的能力、认知和社会情绪技能的发展，学会生活的技能，培养积极主动的情绪，也有利于其体格的健康发育。

儿童保健专家建议玩耍和游戏从出生开始，鼓励以各种方式促进宝宝的身体活动，比如在出生不久宝宝的床头悬挂颜色鲜艳、声音悦耳的小玩具，逗引宝宝注视、追视，伸手踢腿。当宝宝 3 月龄后，照养人和宝宝在地板上的玩耍互动，对宝宝形成翻身、爬、走等基本移位能力有促进作用。照养人将玩耍和游戏融入到日常生活中，并经常进行与宝宝年龄相匹配的游戏活动，提供适合的场地、玩具或日常物品，让宝宝自由地探索和玩耍，引导其锻炼视觉、听觉、触觉、身体灵活性和协调性等能力。

二、儿童发育有规律，游戏玩耍要适宜

婴幼儿发育是一个动态且复杂的过程，遵循一定的发育规律，通过感知周围的人和物，逐渐具备一定的能力，大致规律

为：一看二听三抬头、四撑五抓六翻身、七坐八爬九扶站、一岁宝宝能走路；一哭二笑三认母、四月大笑五认生、七月无意说爸妈、八月有意仿大人、十月招手会再见、一岁以后会说话。

婴幼儿发育水平存在一定的个体差异，除生物学因素外，与养育环境提供的学习和反复强化的机会有关。家庭环境是儿童成长最为直接和密切的环境，照养人在日常生活中为儿童提供游戏玩耍的机会对其生长发育有重要作用。婴幼儿年龄越小，游戏玩耍越短小简易，要选择在宝宝清醒、状态好的时候，避免在宝宝情绪不佳、过饥、过饱、想睡、身体不适时进行。游戏玩耍要符合婴幼儿的发育特点，与日常活动和谐相融，安全有趣。比如做操：新生宝宝，可以给他们做婴儿抚触；1～6 月龄宝宝，可以给他们做婴儿被动操；6～12 月龄宝宝，做婴儿主动操；1 岁以上宝宝，在照养人的扶持下进行有节奏的身体活动；1 岁半以上的宝宝，可以配合音乐做模仿操。基于婴幼儿的发育水平，他们在游戏玩耍中可能并不会持续很长时间，也不一定如想象中配合，因此，照养人要跟随婴幼儿的节奏和兴趣玩耍，包容、理解婴幼儿在游戏中的不配合，以及在玩耍中敲打、扔、摔，弄脏衣物，甚至破坏物品等。

三、给小宝宝的第一个游戏——爱的抚触

宝宝那么小，可以和他 / 她玩什么游戏呢？除了让他 / 她看到人脸，对着他 / 她轻声说话、唱歌外，还有一个很好的游戏，就是抚触。皮肤是人体最大的感觉器官，抚触通过皮肤接触使照养人与宝宝进行交流互动，家长边做边对宝宝说话，是一种促进宝宝生长发育的简单而有效的方式，可以增加宝宝肌肉力量和关节灵活度、改善睡眠，促进亲子关系。

抚触准备：选择一个温度适宜、安静、安全的地方，照养人把宝宝放在软地垫上或床上，选择宝宝和照养人都感觉舒适的姿势和体位。

抚触步骤：

1. 将宝宝平放在床上，尽量脱去衣服、鞋袜、帽子，照养人双手洗净并保持温暖，搽一些抚触油，对宝宝从头至脚进行全身抚触，一边做一边跟宝宝说话，或者唱儿歌。

2. 抚触时要用全手掌贴住宝宝的皮肤，稍稍用些力进行，使皮肤得到触觉刺激，可以促进宝宝感知觉的发育。

3. 抚触的顺序和手法举例。头部：在面、前额和头顶部采用圆圈式抚触。颈部：可以从上到下抚摸。前胸部：从右下到左上，从左下到右上，依次进行。腹部：按顺时针方向转动按揉。上肢：握住上肢，从上到下进行按摩。手掌部：用拇指按顺时针方向按摩，然后逐个手指从指根到指端进行揉摸。背、腰、臀部：沿背脊由上至下抚摸，再在腰部两侧用拇指揉压 10 次。大腿、小腿部：可以用手握住下肢，由上至下进行按摩。脚掌、脚趾部：在脚底心处用拇指按压 10 次，然后逐个揉摸脚趾 10 次。每天 1 次或 2 次，每次 10 分钟左右。

第二节　促进大运动发展

一、0～6 月龄宝宝大运动发育规律

大运动是指人适应周围环境进行日常活动、运动和游戏的全身活动能力，也是人最基本的姿势和移动能力。婴儿大运动发展是最容易被观察到的，遵循从上到下等规律，主要有抬头、翻身、坐、匍匐爬行等。

抬头：宝宝颈后肌的发育先于颈前肌，俯卧位时新生儿头可抬离床面，2 月龄抬头 30°～45°，3 月龄抬头 45°～90°。仰卧位时拉起宝宝的双上肢，通常 3 月龄宝宝头稍后仰，4 月龄宝宝头、颈、躯干呈一直线。3 月龄宝宝竖抱时抬头较稳，随着抬头动作的发育，宝宝脊柱开始形成第一个生理弯曲，也就是颈椎前突。4 月龄宝宝俯卧时抬头很稳，可自由转动。

翻身：宝宝在新生儿期就开始出现翻身运动。比如新生儿可从侧卧位滚到仰卧位，4 月龄时可从仰卧位翻滚到侧卧位，大约 5 月龄能从仰卧位翻到俯卧位，6 月龄左右能从俯卧位翻回到仰卧位，并具备连续翻身的能力。

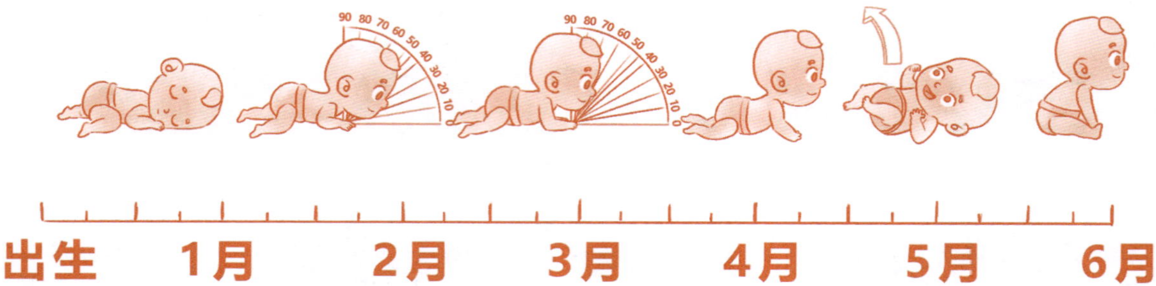

坐： 由于新生儿腰肌力量不足，扶坐时呈前倾姿势，从侧面观察，他们的躯干与腿接触，并且竖头不稳定。2～3 月龄宝宝扶坐时呈半前倾姿势，从侧面观察，宝宝躯干与腿之间的角度为 30° 左右，头可竖直。4～5 月龄宝宝靠着坐时腰能伸直，进入扶腰坐阶段，头很稳定。6 月龄宝宝可独立坐一会儿，双手向前支撑，呈拱背坐。

匍匐爬行： 新生儿俯卧时已有反射性的匍匐动作。2 月龄宝宝俯卧位时出现交替踢腿，这是匍匐爬的准备；3～4 月龄宝宝用手可以支撑上半身数分钟；一些 6 月龄宝宝可匍匐前进。

二、自由空间——促进小宝宝的大运动发展

宝宝在妈妈的子宫里时，身体保持蜷曲呈抱球状，出生后躯干和四肢得以伸展。清醒状态下，自由伸展有利于宝宝通过身体探索周围的世界。因此，不建议给宝宝裹"蜡烛包"。对于一些出生后睡不安稳或者睡觉时有"惊跳"反应的新生儿，有专家建议给宝宝进行适当的包裹（只用在睡觉的时候，而不是清醒状态）。

照养人可以让宝宝在安全的环境中自由活动，如将宝宝仰卧位放在大床上或垫子上，让他 / 她自由伸伸胳膊、踢踢腿、扭扭身体，也可以一边唱歌给宝宝听，一边给宝宝做抚触。或者宝宝俯卧位，双上肢屈曲在胸前，用玩具吸引，引导宝宝抬头、肘支撑。活动时，照养人要仔细观察宝宝的反应。

三、不满百天的宝宝能不能竖抱

通常情况下，建议照养人对 0～3 月龄宝宝采取平抱或者斜抱的姿势，从而给头颈部足够的支撑，主要是因为宝宝头部体积和重量在整个身体中占较大比例。新生儿头与身长的比例为 1∶4，而成人仅为 1∶8；出生时婴儿大脑重量约 370 克，占自身体重的 15% 左右，相当于成人大脑重量的 1/4。婴儿脊柱处于发育阶段，骨骼胶质较多，颈背部肌肉

力量较弱，颈后肌优于颈前肌，力量也不平衡。0～3 月龄宝宝被长时间竖抱时，可能出现头部支撑力不足、易往后仰等情况。在宝宝自身未发展出足够能力竖头前，不建议在宝宝头颈部没有得到有效支撑的情况下长时间竖抱。有的时候，小宝宝自己会“要求”竖抱，这种情况下要让婴儿趴在照养人肩上，用手在颈背部支撑和保护，避免头过度地摇晃。无论平抱、斜抱还是竖抱，长时间保持一个姿势，照养人和宝宝都会产生不适，所以各种抱姿轮流是很自然的做法。

四、翻身和坐——促进 3～6 月龄宝宝大运动发展

3～6 月龄宝宝运动能力有了进一步发展，竖抱时头不再摇晃，可以“东张西望”；仰卧时四肢经常上举，从尝试翻身到左、右翻滚自如；从靠着坐垫坐一会儿到可以独坐几分钟。

在与宝宝进行翻身练习的互动游戏时，照养人可以将一块柔软的毯子平铺在床上，让宝宝仰卧或俯卧在毯子上，照养人抓住身体一侧的毯子边，缓缓地将毯子抬起，使宝宝身体转向另一侧，再将宝宝放平稍作休息，换另一边做同样的动作。家长在掀起毯子时要缓慢轻柔。这个游戏可以让宝宝感受到翻滚时体位和姿势的变化，有意识地学习控制肌肉的力量。

在与宝宝进行坐位练习时，最初可以让宝宝仰卧位，照养人拉宝宝双手或者胳膊，慢慢拉至坐位，再慢慢放下。宝宝 5 月龄时，可以将其扶成坐位，将双手放在身体前面，用玩具逗引宝宝朝前看，宝宝逐渐从手向前支撑、上身保持前倾坐位姿势发展到双手玩玩具，下肢伸直独自坐一会儿，时间从 1～2 分钟逐渐延长到 5～10 分钟或者更长时间。

在与宝宝进行运动互动游戏时，可以边玩儿边跟宝宝说话，描述在做什么，以起到同时促进其他能力发展的作用。

五、帮助小“不倒翁”练坐稳

对于 6～7 月龄的宝宝来说，经常有家长说宝宝可以自己坐在地垫上，但一扭身就东倒西歪，像个“不倒翁”。其实这种情况多是这个年龄段的正常表现。宝宝的坐位运动发育与坐位平衡反应有关，一般 6 月龄出现坐位前方平衡，7 月龄出现侧方平衡，当宝宝还未完全建立坐位侧方平衡时，扭身就会向一侧倾斜，当重心不稳时，就容易摔倒。

如何提高宝宝的坐位平衡能力呢？最简单的方法就是与宝宝玩儿坐位抓玩具的游戏。可以先让宝宝坐稳，将玩具（如有环的铃铛或者手拍鼓）放在宝宝身体的前面，照养人可以摇晃或者轻拍玩具，发出声音，逗引他/她注意，让宝宝练习抓取玩具、双手传递玩具、敲打和扔玩具等。慢慢将玩具放在宝宝的身旁，需要宝宝转身 30°～45° 才能够到，重复上述动作，训练宝宝坐位转圈，并在游戏中保持平衡。玩耍时，将玩具放到宝宝看得见、够得着的前方和身旁，家长全程陪伴，并做好保护。这样既锻炼了宝宝坐位时侧方的平衡感，同时提升宝宝抓握和手眼协调能力。

六、从坐到走——7～12 月龄宝宝大运动发育规律

7～12 月龄是大运动发育的活跃期，宝宝的整体

运动功能在这个时期将得到全面发展，这个时期发展的大运动主要为翻身、坐、爬、站、走，宝宝活动范围扩大，开始从较为固定的地方自由地移动到其他地方。

翻身：能促进宝宝身体协调性的建立。6～7 月龄宝宝能有意识地伸展四肢，从仰卧位翻至俯卧位，又能翻回仰卧位。翻身过程中转向侧卧位时，可用一只手支撑身体的重量。6～7 月龄宝宝甚至能左、右自由翻滚。

坐：宝宝会坐后脊柱开始形成第二个生理弯曲，即胸椎后突，这对于保持身体平衡很重要。7 月龄左右宝宝背可以立直，进入直腰坐阶段。8～9 月龄宝宝可以坐着自由玩儿，左、右回旋身体，进入扭身坐阶段。9 月龄左右宝宝由坐位转换成扶站。

爬：爬行可促进宝宝空间认知的发展，6～7 月龄宝宝能用肘支撑胸腹部，用上肢带动身体在原地转动或者匍匐向前、向后退。7～8 月龄宝宝匍匐爬很快，可见下肢交替动作。9～10 月龄宝宝开始进行手膝爬行，腹部完全离开床面或桌面。11 月龄左右宝宝可膝离地，用手和脚支撑向前移动。

站：通常 6～7 月龄宝宝扶腋下会跳跃动作，8～9 月龄宝宝可扶物站立一会儿，10 月龄以上宝宝可抓住床围栏或者照养人的手支撑着自己站起来，11 月龄宝宝可发展

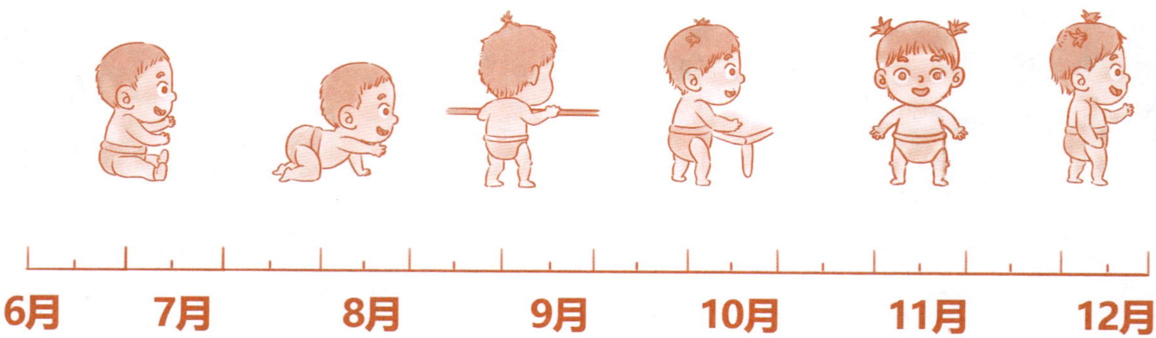

为独站片刻。

走：通常 10 月龄宝宝可以拉住栏杆等站起，逐渐发展为扶着家具侧向行走。11 月龄左右宝宝在站立稳定后，可以牵手向前迈步。12 月龄左右宝宝可以独立走几步，宝宝会走以后脊柱开始形成第三个生理弯曲，即腰椎前突。宝宝发育有个体差异，学会走路有早有晚，一般不晚于 15 月龄。

七、不爬就走好不好

以前有些家长喜欢吹嘘，我家孩子天生就是最棒的，不用爬就会走路了！但是现在的家长都知道经历“爬”的过程对孩子的发展有好处，那么爬行对宝宝有什么好处呢？

爬行，是人一生中唯一一个模拟其他哺乳动物日常姿态的阶段。在爬行的时候，需要四肢的协调，先伸哪只手，先挪哪条腿都有讲究，手脚不协调时宝宝很难爬得快。在爬行的过程中，用膝盖还是用肚皮，用手肘还是用手掌，都体现了宝宝灵活性的发展。此外，要爬得稳，还需要保持重心一直在中间不偏移；爬得快还要考虑如何跨越各种路障；而较长时间的爬行需要保持抬头前望状态，既能训练颈部肌肉，促进颈椎生理弯曲的形成，又能有效促进手眼协调，促进感觉统合。

总地来说，爬行主动采取的各种姿势和动作可以锻炼宝宝身体的协调能力和平衡能力，使宝宝的身体更加灵活，有助于激活大脑双侧半球及其他脑区。爬行提高了颈部、肩部及躯干的肌肉力量，进一步支持大运动、精细运动的发展。爬行时不断改变头部位置、眼睛不断观察远近处的环境，耳朵听周围声音，起到了促进视、听等感知觉发展的作用。

因此，尽管并不是所有宝宝都是先会爬，再会走路，但有必要给宝宝创造练习爬的机会，促进宝宝感觉统合能力的发展。

八、帮助宝宝练习爬的小窍门

在宝宝大运动发育里程碑中，爬行是非常重要的一环，可促进大脑双侧分化；锻炼肌肉张力和骨骼支撑力；促进感觉、运动统合发展；加强大、小脑的联系，促进四肢的灵活性和协调性；扩大活动范围，增加探索欲望、方向感及空间感。

但并不是所有宝宝都能自己学会爬行。如何帮助婴儿练习爬呢？可以用彩色玩具、爬行垫、毛巾、小枕头等来辅助。

刚开始的时候，可以让宝宝俯卧，手支撑体重，用玩具在前方逗引，诱导宝宝伸手去拿，照养人抵住婴儿双脚，使其前行 1～2 步，找到爬行的感觉；能爬行几步后，扶住宝宝双脚踝轮流交替向前屈髋屈膝，使宝宝身体向前移动，促进其协调匍匐爬。

经过多次练习，宝宝能协调匍匐爬后，可以将小枕头垫在宝宝胸腹部，或照养人用一条长毛巾从宝宝腹部下方绕过向上拉起其胸腹部，使宝宝的手和膝盖能够着地而支撑着身体，逐渐把枕头移开或不用吊带帮助，鼓励宝宝独立地保持手膝爬行位的姿势。在宝宝保持手膝爬行位的姿势时，用玩具在前面逗引，鼓励宝宝伸出一只手抓取玩具，使身体保持在三点支撑（两膝和一手支撑）位置。在宝宝手膝爬行的姿势下，当宝宝伸右手时，照养人推左脚，按照右手－左脚和左手－右脚前进的顺序，帮助宝宝练习手膝爬行。

九、帮助宝宝练习站和走的小游戏

10～11 月龄婴儿进行站稳训练，直立起来看世界 独立站稳是行走的开始阶段，也是独自行走的基础。当宝宝一只手扶着家具站稳时，照养人在旁边逗引，拿一个玩具给他 / 她，宝宝一只手拿好玩具后，再试着给他 / 她拿另外一个玩具，宝宝能两只手释放出来拿玩具而离开外界的支撑。

家长也可以和宝宝玩儿“靠墙站”的互动游戏。照养人先扶着婴儿将其背部靠在墙上，当这样可以站稳的时候，慢慢地将手拿开，让宝宝自己靠墙站立，然后鼓励宝宝表现棒棒的。游戏时注意宝宝站立的地方周围不能有坚硬的东西，地面可以铺放一层软垫，开始的时候宝宝可能会害怕，可以多尝试。

11～12 月龄婴儿进行独立行走练习，迈开人生的脚步 独立行走是儿童运动发育的重要标志，独立行走使宝宝活动范围扩大，接触外界的内容更加丰富、精彩，对智力发育有很大的意义。很多宝宝在扶着家具自己站起来后，逐渐尝试扶着东西走。宝宝如还不能放手独立走，照养人可以让他 / 她假装帮忙推小车（或者椅子）向前走，当宝宝参与进来时，要多鼓励 / 表扬宝宝。或者在两个照养人之间，鼓励宝宝从一方走向另一方，一个照养人放宝宝站在地面，让宝宝脸朝前方，双手扶着宝宝腋下向前走向另外一个照养人，可以边走边数“一二一、一二一”，让宝宝体验走路的感觉，当宝宝的双腿可以支撑他 / 她走几步时，放手让他 / 她朝前试走几步。开始独立行走时宝宝经常双手展开，身子略前倾，但能控制身体平衡。不推荐使用学步车，因为使用过程中容易导致宝宝意外伤害发生。

十、从不协调到协调——1～2 岁宝宝大运动发育规律

协调是指在准确完成动作的过程中，多组肌群共同参与并相互配合，和谐地完成动作，是姿势控制（如站、走、跑、跳）及日常动作的基本条件，是完成运动和技能的必要条件。1 岁后宝宝可以独立行走，活动范围进一步扩大，自我意识逐渐增强，好奇心强，探索活动增多，这个时期的大运动发育包括独立行走、开始学跑、踮脚和简单跳及自如跑、跳等。

走：独立行走是宝宝大运动发育的重要标志。随着运动系统及神经系统不断发育，一般宝宝在 13～15 月龄迈出人生的第一步——开始独立行走了，15～18 月龄时可以独立

走得很稳，起身与下蹲随意自如。随着感知觉及位置觉进一步发育，18 月龄左右宝宝能倒走，扶栏杆上、下楼梯。

跑：随着宝宝活动增加，肌肉更加发达，身体运动具备一定的速度和力量。16～18 月龄宝宝可以开始跑了，随着协调能力、平衡能力及控制力的发展，还能跨越障碍物。18～24 月龄宝宝逐渐由小步跑向迈大步、有节律的步态发展。

跳：跳跃是宝宝成长过程中必不可少的一个环节，随着幼儿肢体协调性及躯体平衡能力的发展，19～21 月龄宝宝出现两脚离地跳，24 月龄以上宝宝双脚落地较稳定，跑、跳自如。

十一、促进 1～2 岁宝宝大运动发展——走一走、跑一跑、跳一跳

走一走：12～15 月龄宝宝自己能够扶着站立或者独立站了，正在尝试扶走或者自己走。宝宝对身体平衡的掌控更加灵活了，空间感也有一定发展，为了使活动范围扩大，接触更加丰富多彩的外部世界，12～15 月龄宝宝喜欢尝试着自己走路了。家长可以利用墙或可以扶的家具，鼓励宝宝靠墙站着，照养人蹲在宝宝前面 1～2 米的位置，可以拿玩具诱导，鼓励宝宝走 2～3 步。注意周围地面平整，防止滑倒。

跑一跑： 15～18 月龄宝宝手眼协调、平衡能力和控制能力已发展到比较稳定的水平，自我意识越来越强了，喜欢自由地跑动。家长可以跟宝宝玩“追肥皂泡跑”的游戏。照养人用追泡泡的游戏，可以鼓励和引导宝宝练习跑与停的转换，帮助他们提高对身体的控制能力。

跳一跳： 1 岁半至 2 岁的宝宝越来越喜欢运动，感觉像上了发条的机器，一刻也闲不下来，宝宝平衡能力及控制方向的能力正在快速发展，开始喜欢跳。随着宝宝肢体协调性及躯体平衡能力的发展、甩臂动作和脚蹬动作的协调，可以使自己的身体弹跳起来。家长可以找一处平整的地面，用粉笔在地上画两条线当作“小河”，鼓励幼儿跳过“河”或跃过地上的一个小方格。在宝宝开始学跳时，尤其在跳高落地站立时，头部往往前倾，不易站稳，照养人应在宝宝前方保护，避免其摔倒。

十二、从不平衡到平衡——2～3 岁宝宝大运动发育规律

2～3 岁宝宝的运动能力进入发育的“高级阶段”，运动姿势的控制由不平衡进入平衡阶段。平衡是孩子在不同环境和情况下，维持身体直立姿势的能力，主要包括：保持体位，在随意运动中调整姿势，对外来干扰作出安全、有效反应等。

2～3 岁宝宝可倒退走、踮脚走、走直线、小跑、双脚离地跳，踢球、向外投球，不扶栏杆上、下楼梯。3 岁宝宝可跳过低矮的障碍物，跳下 1～2 层台阶，单脚站立 5 秒，踮脚走直线，双脚交替上、下楼梯，双脚跳、单脚跳时会弯曲上身，此时跑得更平稳，通过身体旋转和转移重心来投球和抓球，骑三轮车会转弯。

十三、促进 2～3 岁宝宝大运动协调发展

这个年龄段的宝宝喜欢自由奔跑、双脚跳，自由骑三轮车，扔球、踢球等。日常生活中家长要让宝宝每天都有充分的机会做运动，给宝宝准备宽松的衣裤和舒适的鞋子，多让

宝宝自己走路及奔跑，不要总是抱他/她。上楼梯时，可以让宝宝自己走一段，锻炼双腿的力量，使其身体更强壮、结实。可以多和宝宝玩儿跳上、跳下台阶的游戏并做好保护。带宝宝去可供儿童运动的社区公共活动区，鼓励宝宝在公园里追逐蜻蜓、蝴蝶，练习攀爬、跳跃，也可以玩儿跷跷板、荡秋千等。照养人也可以和宝宝来回踢球，当他/她能够很好地完成这项运动后，鼓励他/她边跑边踢。

骑三轮车是一项很好的运动训练，可以培养宝宝的空间距离感、方向感和身体平衡能力。扶宝宝骑上三轮车，让他/她在空旷的场地直行，当能够稳定地骑行后，照养人在三轮车的前方用语言/手势指示宝宝转弯，也可以先扶住宝宝的上身，使其身体稍稍倾斜一些，两手配合着转弯。逐渐减少帮助，让宝宝自行骑车，照养人需要全程陪同，给宝宝佩戴护具，保护宝宝的安全。

生活小故事：做个投球小能手

圆圆，女，34 月龄，活泼可爱，唱歌、蹦、跳样样行，喜欢玩儿球，只是玩儿起来专注力似乎不足，没有 1 分钟，圆圆就开始东张西望分了心。

专家点评

2 ~ 3 岁宝宝注意力集中时间为 3 ~ 5 分钟，照养人可以选择宝宝喜欢的游戏，在游戏的过程中训练其注意力。游戏举例如下。

游戏准备：一个皮球。

游戏目的：投篮游戏可培养宝宝的专注力；训练宝宝体能、手眼协调能力及对方位、距离的判断能力。

怎么玩儿：照养人将双手抬起围成圆圈，让宝宝将皮球投进双手围成的篮筐，篮筐要比宝宝的身高高一些，也可以互换，让宝宝做篮筐，增加趣味性。

在地上画一条线作为站立的标记，在宝宝面前 1 米的地方放一个大纸盒，给宝宝一个球，让其过肩将球抛出，照养人可以和宝宝轮流投球。待宝宝熟练后，可以延长距离，或者将篮筐钉在墙上，注意筐离地的高度要合适，也可以组织几个小朋友一起玩儿，增加投球的兴趣。

第三节 促进精细动作发展

一、从整体到分化——出生 6 个月内宝宝精细动作发育规律

精细动作是指人借助手和手指等部位小肌肉或肌肉群的运动，在感知觉、注意等多方面心理活动配合下完成特定任务的能力。俗话说“心灵手巧”，但手的灵活有一个发展过程，相比大运动发育更易受环境的影响。0～6 月龄宝宝的精细动作主要表现为抓握，由无意抓握到随意抓握，并开始出现双手协调。

新生儿大部分时间双手握紧拳，可以握住照养人的手指或者放在手心里的玩具。2 月龄宝宝双手握拳姿势逐渐松开，偶尔松手握住玩具。3 月龄宝宝手经常呈张开姿势，能将棒状玩具或者照养人的手指握住数秒钟。4 月龄宝宝出现“注视手的动作”，一般半岁左右消失，常常伸手抓东西，但定位不准，还会尝试摇动手上的玩具。5 月龄宝宝出现主动抓握，看到玩具时往往双手抓握，动作不协调、不太准确，喜欢把玩具放到嘴里。6 月龄宝宝出现真正意义的抓握，可以迅速抓玩具，双手握奶瓶，玩儿自己的脚，协调能力进一步发展，逐渐可以双手抓双物。

二、摸这摸那——促进新生儿的触觉发展

宝宝出生时触觉比较敏感，尤其是手掌、足底等部位。1～2 月龄宝宝握持反射未消退，玩具在手中可留握，照养人可以创造条件，让宝宝接触不同的物体，感受不同物体的触感，探索周围世界，协助其精细动作发展。

照养人给宝宝触摸不同质地的东西，比如照养人的手指、环形玩具、软布等，从而丰

富宝宝的触觉。宝宝通过双手的触觉来感觉周围物体的不同，将这些信息传送并存入大脑，形成记忆，这就调动了宝宝大脑多个区域的活动。这个年龄阶段的宝宝通常只能抓住手指粗细的东西，太大或者太小的东西都抓不住。照养人先让宝宝抓住玩具，然后轻轻用力拿走玩具，以此锻炼宝宝的抓握力量，但要注意根据宝宝自身的力量来调整，避免拉伤宝宝。

三、小宝宝戴手套，护脸却阻碍发展

手是人认识客观世界、与外界互动的一个重要器官，手的活动复杂而精细。小宝宝在探索未知世界的过程中，喜欢用手触碰身边的物体，家长经常看到小宝宝似乎在挥舞着小手乱抓或者不协调地活动，这实际上是他/她精细动作发展的一个重要的过程。宝宝可通过手的触觉，学习和认识周围的世界。有时他们也会不小心误伤自己，于是有家长给小宝宝戴上手套，避免他们抓伤或划伤小脸。殊不知这样会束缚宝宝手和手指的活动，"吃手"、抓握等一系列与发展有关的动作都会受到限制，不利于宝宝的感知觉及精细动作能力的发展。

如何才能既不戴手套又不伤脸呢？首先要及时修剪宝宝的指甲，宝宝指甲长得特别快，建议每周修剪1次。在宝宝熟睡时修剪，剪完用锉条将指甲边缘打磨光滑。

如果发现有抓脸的情况，家长要注意分析原因，排除因湿疹、皮肤干燥导致的瘙痒，或者穿得太多导致宝宝太热等情况，如果此时宝宝清醒而无法剪指甲，照养人可以用一些色彩鲜艳、不同质地或者带响声的玩具吸引宝宝的注意力，鼓励宝宝去触碰。

四、抓和够——促进手眼协调的游戏互动

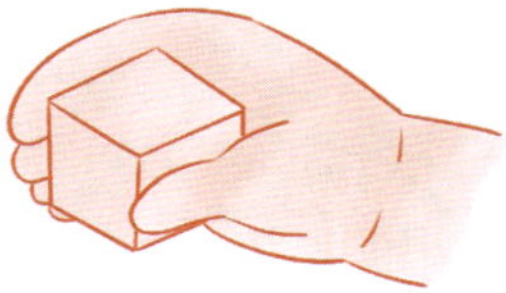

手眼协调能力是婴幼儿精细动作发展中非常重要的组成部分。3～4 月龄宝宝握持反射消失，无意识地抓握和双手协调也出现，标志着手的动作开始发育。家长可以和孩子玩“抓球球”的游戏，有利于宝宝的手眼、双手协调和抓握能力的发展。具体做法：准备一个颜色鲜艳的小球（皮球或毛线球）、一根绳子，照养人拿着或者挂在床边让宝宝在仰卧位或者扶坐位，在宝宝看得到、手又能碰得到的地方，逗引他 / 她伸手去抓。开始宝宝可能只是伸手去碰小球，随着能力发展，会双手握住晃动的小球。经过反复多次练习，能用单手抓住吊着的小球。游戏时，照养人可以在宝宝几次失败后，帮助他 / 她抓一次，让他 / 她体会抓的感觉和提高游戏的兴趣。

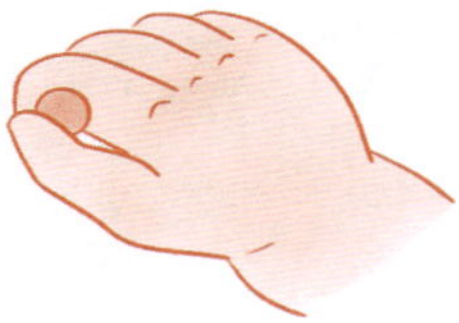

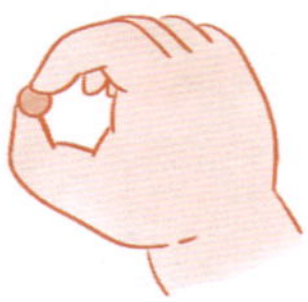

五、从掌到指——7～12 月龄宝宝精细动作发育

宝宝因独坐能力的获得，双手得到解放，手部动作

也具有一定的随意性，随意抓握动作的出现是手部动作发育的一个重大飞跃。这个时期的精细动作主要表现为抓握模式由全手掌向对指模式发育，从抓握到放开物体的发育，手功能呈现多样化的发育。

6～7 月龄宝宝通常用全手掌一把抓，抓物后能独自摇晃或玩弄小物体，双手配合较协调。7～9 月龄宝宝手指发育更进一步，用拇指、示指从拇指侧捡拿物品，开始出现捏、换手、敲等探索性动作，如捏起豆子大小的小馒头，把玩具从一只手随意倒换到另一只手，拿两个玩具相互对敲。9～10 月龄宝宝抓握准确度越来越高，可用拇指、示指夹取积木，并能随意放掉。10～12 月龄宝宝可用拇指、示指尖捏取积木，可单手抓 2～3 个小物品，全手握住笔在纸上留下划痕，能用拇指、示指指尖捏起细小东西，喜欢用手指头抠东西，比如抠墙面、洞眼等。

六、促进手指灵活的小游戏

7～12 月龄宝宝手和手指越来越灵活，他们能握住奶瓶喝奶或用手抓东西吃，拉扯宽松的衣物（比如袜子或者帽子），甚至拉裤子。能拆出用纸包裹的玩具，用指尖捡起小件物品，放下，再捡起。家长可以和宝宝一起玩“捡葡萄干”“抠洞洞”等小游戏，促进精细动作的发展。

捡葡萄干：照养人先准备一个透明的小瓶子（瓶口口径约 2.5 厘米），再准备一些葡萄干，在瓶子中先放一粒葡萄干，放到宝宝面前，对宝宝说：“宝宝，把葡萄干给妈妈”，鼓励宝宝把葡萄干从瓶子里抠出或者倒出，如果宝宝成功了，可以让宝宝自己捡起葡萄干投放到瓶中，再鼓励他/她把葡萄干取出，如此反复玩几次。同时也可以练习扣瓶盖、扭瓶盖的技巧。但要注意避免宝宝将葡萄干或者小玩具放入口中而引起误食。

抠洞洞：首先做一个简单的立体纸盒，在纸盒的每一面上开一个洞，再在纸盒中放一个彩色带声音的玩具，照养人在宝宝面前摇响纸盒并给宝宝看，用好奇的语气对宝宝说“这是什么好玩的玩具呀？宝宝拿出来看一看”，把纸盒递给他/她，宝宝不会开盒子，会用示指伸到洞里去取，开始时照养人给以口头的指示或让宝宝看到盒子中的玩具，以引起他/她的兴趣。

拉绳取物：这个游戏反映精细动作和认知能力的结合，需要一定的抓握、手眼协调和感觉统合能力。

家长可以准备一个小球（毛线球）或者一个鸭玩具、一根绳子。让宝宝坐在地垫上，或者坐在桌边，当着宝宝的面用一根绳子把玩具小鸭或者小球拴住，然后把绳子放在宝宝看得见、伸手可及的地方，小鸭或者小球放在稍远的地方。照养人先示范，拉动小绳把小鸭或小球拉过来，边拉边说：“小鸭过来”“小球过来”。鼓励宝宝自己通过绳子拉动小鸭或小球。反复练习多次后，照养人可以尝试只说：“把小鸭拉过来”“把小球拉过来”，让宝宝找到绳子拉动小鸭或者小球。这可以帮助宝宝练习拇指、示指对捏，体会空间和距离的概念，增强对事物之间相互关系的理解能力。

七、从粗到细——1～2岁宝宝精细动作发育规律

精细动作发育遵循从近端到远端、由粗到细的规律，先学会抓握物品，然后能主动放松。1岁以上宝宝的手功能得到加强，手抓物品等更加复杂的动作也变得轻松、准确而灵巧。1～2岁宝宝精细动作主要以手指的运动发育为主，捏、握、屈、旋转等动作有了一定发展，撕、推、抓、扭、拧、托、拨、压、挖、抹、鼓掌、拍、夹、穿等动作开始逐步发育。

12～15月龄宝宝可以搭1～2块积木，学习拿勺子吃饭，打开瓶盖。15～18月龄宝宝可以搭2～3块积木；用勺子取物；打开盒盖，会倾倒瓶子里的小物体，然后用手去捏；全手握笔，自发地在纸上乱画。18～21月龄宝宝可以自己拉脱袜子，将小线绳穿进大珠

子或大扣子的孔，搭 3～4 块积木，几页几页地翻书。21～24 月龄宝宝可以搭 4～5 块积木，模仿画线条，用双手端碗等。

八、玩一玩，画一画——促进宝宝精细动作发育

玩一玩：1～2 岁宝宝手眼协调能力发育较好，随着肌肉的发育，对捏、握、旋转、抓等动作的掌握，手动作发育得更加灵活。

家长可以和宝宝玩“套环”的互动游戏。照养人与宝宝面对面坐在小桌旁，把套环的柱子放在桌上，照养人先示范，边套边数数，然后将套环给宝宝自己学着做动作。不用管套环的颜色和大小，也不要求宝宝数数准确。这个游戏不仅促进了宝宝手眼协调能力发展，还可以从套环中逐渐建立数字的概念。

家长也可以和宝宝玩“倒水入杯”的互动游戏。准备一个装好水的盆，让宝宝边玩儿水边学倒水，给他/她一个杯子和一个瓶子，先示范将瓶子压到水中灌满水，然后拿着瓶子将水倒进杯子，看是否洒泼。经过多次练习后，宝宝手的技巧进步了，可以让他/她用杯子装水，将水倒进瓶子里。

画一画：1～2 岁宝宝手的协调能力和控制能力得到

一定发展，喜欢涂涂画画了。家长可以和宝宝玩“一横一竖”的互动游戏：可以拿棍子在沙地或泥地上画线，比一比谁画得长，谁画得直。开始时宝宝画得不长也不直，在同照养人的多次比试中，就会渐渐画得较直和较长，宝宝也从中学会“长”和“直”的意义，逐渐发展到涂鸦、画圆等。

自己的事情自己做

1～2 岁宝宝随着自我意识的增强，生活技能得到了发展，并喜欢模仿大人的动作，如日常游戏中假装给小宝宝穿衣服、倒水等，表现出手眼协调、手的精细动作和技巧的运用。

生活小故事：瓶盖“对对碰”

当当，男，23 月龄，早产儿（孕 34 周出生），现不能拧开瓶盖，不能搭起 2～3 块积木，不能把正方形、圆形、三角形等形状板放入相应的板孔里。

专家点评

当当的这种情况提示手指精细运动及视觉－运动整合能力待发展，表现为示指、拇指抓取物品不稳，抓握力度不够，不会搭高，无法顺利找到生活中形状及颜色相匹配的物品。

游戏准备：大小不等、颜色不一的空矿泉水瓶。

游戏目的：训练手指的灵活度，提升肌肉记忆，提高视觉辨别能力及配对能力。

怎么玩儿：把准备的物品放在宝宝前面，先面对面和宝宝认识带盖子的不同水瓶，再观察宝宝如何打开盖子，如果宝宝尝试后不能把盖子拧开，照养人可以示范一次，引导宝宝练习并学会“拧”的这个动作，示范如何顺着螺旋纹拧开，并在快结束的时候说一声“叮咚——盖子打开啦！”当宝宝把所有盖子都拧开后，把它们收起来，从中选取两个不同颜色、大小对比较大的盖子及瓶身放入宝宝的视线范围内，示范如何顺着螺旋纹盖上，让宝宝尝试把相同颜色的盖子和瓶子盖起来，如果不能，可辅助宝宝先找到一样的颜色配对。当宝宝能成功配对后，再增加其他颜色的盖子及瓶子。

九、从简单到复杂——2～3 岁宝宝精细动作发育规律

3 岁前是精细运动能力发育极为迅速的时期，上肢运动功能的精细化使手具备了各种操作能力，随着日常动作的不断发展，以“抓握物体、手伸向物体、随意放下物体、腕关节可在各个方向活动”4 项基本动作为基础，宝宝从能完成简单的动作过渡到完成复杂的动作。这个时期的精细动作发展以生活自理能力、书写绘画动作的发育为主要特点。

2～3 岁宝宝可以稳稳地握住水杯喝水，吃饭时可以拿稳勺子，在照养人的帮助下可以穿衣服、裤子、短袜和便鞋，可以解开衣扣。3 岁时宝宝可以向杯中倒水，

独立进餐，做到不掉饭菜。

2～3 岁宝宝逐渐学会以拇指、示指和中指握笔，手指可靠近笔尖的位置，绘画动作主要依靠肩关节的活动。能模仿画直线、交叉线和圆圈，随着手眼协调能力的增强，可以临摹长方形、正方形等基本图形。

十、搭积木、拼图、翻书、解纽扣——促进 2～3 岁宝宝精细动作的小游戏

2～3 岁宝宝的手和手指已经能做很多事儿了，比如拼拼图、搭高积木、握笔涂鸦、一页页翻书、解开纽扣等。

照养人可以引导宝宝玩拼图游戏，拼成各种形状，鼓励宝宝用积木搭建城堡。将有颜色的卡纸剪成三角形、正方形、长方形，鼓励宝宝用这些形状拼出他/她熟悉的物品，如房屋、小船等。和宝宝一起用蜡笔、颜料画画，可以让宝宝握笔涂鸦，模仿画出垂直和水平的线，画出圆形。给宝宝讲故事时，可以让他/她来帮忙翻书。让宝宝练习自己解开大纽扣，拉开拉链，练习给娃娃穿衣服或脱衣服。准备直径 1.5～2 厘米的各色圆球，从一个盒子拿出来，再放到另一个盒子里。在较为空旷的地方放置儿童篮球架，鼓励宝宝将球投进去。

生活小故事：2～3岁的“小大人”

恰恰，男，3岁，妈妈每天起床帮他刷牙、洗脸、穿衣服，还要给他喂饭……爸爸说恰恰都3岁了，是个“小大人”了，要学会自己做这些事情。妈妈说恰恰这些事情都做不好，为了节约时间只能帮他完成。

专家点评

这个案例中，照养人觉得孩子做不好就帮他做了，没有给他自己锻炼的机会，恰恰表现出了很强的依赖性，特别是生活自理能力方面。

游戏目的： 培养生活自理能力，为上幼儿园做准备。

怎么玩儿： 准备一个洋娃娃，可以自由更换衣裤、鞋袜。让宝宝假扮妈妈，像妈妈照顾宝宝一样去照顾洋娃娃。

1. 穿脱衣物 早上起床去叫醒在床上睡觉的洋娃娃，脱下娃娃的睡衣（带纽扣），然后换上衣服，扣好扣子，再穿裤子、袜子、鞋子。穿鞋子要告诉孩子怎么区分左右。

2. 刷牙 准备牙刷和漱口杯，孩子抱着娃娃说：“现在我们要开始刷牙啦！”，孩子拿着牙刷给娃娃刷牙，上、下式刷牙，左、右牙齿都要刷干净，最后冲洗牙刷，用毛巾把娃娃嘴巴擦干，放好口杯和牙刷（牙刷要放正，牙刷毛在上面）。

3. 洗脸 让孩子洗净双手，将毛巾打湿拧干，在娃娃脸上来回擦洗，再将毛巾洗干净并拧干，将娃娃的脸擦干净。

4. 进食 准备小碗、小勺子、少许婴儿小馒头（或适量孩子喜欢的食物，如苹果等）。让孩子先将婴儿小馒头（孩子喜欢的食物）倒入碗中，右手用勺子舀取小馒头，尽量不要洒出来，送至娃娃嘴边吃掉它（可以让宝宝自己吃掉）。

第三章

促进交流与阅读

第一节　亲子交流

一、宝宝不会说话怎么沟通

语言是人类独特的一种沟通方式 是在充分语言环境刺激下产生的。人们往往认为语言交流在人类交流互动中起主要作用，但实际上口语在人类交流互动中所起的作用尚不及10%，其实人类交流方式分为语言沟通与非语言沟通。非语言沟通是用肢体语言来表达需求、情感、想法和兴趣，肢体语言包括眼神、面部表情、手部动作、身体姿势等。尚不会说话的婴幼儿是如何进行沟通的呢？

宝宝从出生开始就有着各种各样的需求，在获取这些需求满足的过程中他／她常会遇到各种问题。宝宝会用肢体语言来表达需求、情感、想法和兴趣，这就要求父母学习一些技能来准确、及时地理解宝宝的需求。

每个宝宝都是一个独立的个体，一般情况下，1月龄的宝宝对声音开始敏感，3月龄的宝宝可以发出“咕咕”的声音，4月龄的宝宝可以对声音进行定位，并发出笑声。当听见宝宝发声（非哭闹）时，建议照养人及时以笑脸出现在宝宝视线20厘米范围内，同时模仿宝宝发声来回应，以鼓励宝宝发声。此时大多不需要抱起宝宝，只需近距离与宝宝对视交流。

二、准确解码宝宝的非语言沟通信息——哭声

宝宝在凌晨 04：00 开始啼哭，很明显，他 / 她遇到了一个问题——有什么事情不对劲儿呢？可能有一个需求，或者他 / 她想要什么东西，或者想要向家长传递一个信息："我很不舒服，我现在烦躁不安。"家长可能首先把宝宝抱起来摇一摇（解码为"他 / 她想让我抱了"），宝宝暂停了一下继续嚎啕大哭；妈妈把乳头送到嘴边（解码为"他 / 她饿了"），宝宝闭嘴拒绝，之后继续哭；家长把宝宝放到床上打开尿不湿（解码为"他 / 她解大便了不舒服"），发现有大便，换了尿不湿后宝宝安静下来（宝宝表达"我就是这个意思——我解大便了，屁股被大便弄得很难受——你终于理解我的意思了"）。通过这个过程细心的家长可能知道原来这种哭声对应的是宝宝便便了，明天再试试，如果便便时都是这种哭声，以后就可以更快、更准确地应答宝宝的需求。

宝宝从出生就能够发出哭声，而 6 月龄内宝宝已经可以发出不同的哭声来代表他 / 她不同的需求。0～6 月龄宝宝的需求很多都是生理上的，爸爸、妈妈需要将自己调频到宝宝的需求上，父母通常要去看看宝宝有没有吃饱，有没有尿湿，是不是暖和，要不要抱抱，有没有

不舒服等。要想有效地帮助一个 0～6 月龄的宝宝，很大程度上依赖于家长与宝宝之间的沟通准确度。在这个过程中家长有必要学会准确地解码宝宝的非语言信息，并利用语言和行为反馈过程去检验自己的解码是否正确，家长有了反馈验证过程才能掌握对宝宝非语言行为进行解码的技术，家长与宝宝之间的亲密关系是通过一点一滴的互动逐渐建立的。

三、这就是回应式互动

一个 5 月龄宝宝仰躺在地垫上，在他 / 她伸手能够到的地方摆放着一些玩具，他 / 她心满意足地注视着玩具，不时伸出小手触碰玩具，并发出“啊、啊”的声音。如果离得更近些，我们会看到他 / 她的尿不湿颜色指示条已经都变色了。这时，他 / 她听到了脚步声，并且向声音的方向看去。随后，一个身影走向宝宝，一个轻柔的声音响起：“宝贝，你还好吗？”脚步越来越近，宝宝先是看到了妈妈的膝盖，随后妈妈完全出现在他 / 她的视野里。当妈妈慈爱的脸靠近时，宝宝笑了，并发出咿咿呀呀的声音。妈妈回应着：“妈妈回来了，宝宝好开心。”随后妈妈发现宝宝尿不湿该换了。“哦，宝宝，你该换尿不湿了。”妈妈轻声说道。宝宝面带微笑，咿咿呀呀回应着。妈妈伸出双手对宝宝说：“现在我要把你抱起来。”宝宝对妈妈的姿势和话语作出回应，身体轻轻动了一下，继续微笑，咿咿呀呀。妈妈把他 / 她抱到了床上，并靠近宝宝面部微笑着正视宝宝告诉他 / 她：“换尿不湿了！”然后边做边说：“解扣子—打开尿不湿—换尿布—穿上干净的尿不湿—扣上衣服。”每做一步妈妈都稍微停顿一下给宝宝一个眼神注视，再做下一步。如果给宝宝取了名字，妈妈可以从小就使用宝宝自己的名字称呼他 / 她。

互动过程中不要忘记同时与宝宝进行语言、眼神和表情的交流，与宝宝对话时语速要稍微慢一些，发音清楚些，表情要愉悦柔和，这样宝宝能学习到更多交流与互动内容。每天宝宝需要换很多次尿不湿，吃很多次奶，如果爸爸、妈妈能够注意在日常生活中采用这样的交流互动模式，你会发现宝宝的互动交流能力会发展得更好。

四、宝宝无意识叫“爸爸”“妈妈”时，要不要回应

很多妈妈会纳闷：“为什么 7 个月开始宝宝就会不断地无意识说“妈妈”，几个月后突然宝宝又不说了？”其实宝宝最早说的语言很多都是“爸爸”或“妈妈”，这两个名词在宝宝生活中听到的频率最高，而且是不需要舌配合的简单双唇音，所以全世界“爸爸”或“妈妈”的发音都比较接近。当宝宝开始发音时，如果每一次说“爸爸”或“妈妈”，爸爸或妈妈都很积极地回应“爸爸 / 妈妈在哦！”“爸爸 / 妈妈抱”等，并伴随爸爸 / 妈妈行为的配合，如可以拍拍自己说：“我是爸爸 / 妈妈”，宝宝就会开始通过思考将声音与具体的含义建立联系。如果每一次发音都没有人给予任何反应，宝宝过了这个阶段就不再重复发这个音了，因为没有回应。所以，为了帮助宝宝将语言与具体的含义联系起来，家人一定要对宝宝的发音积极回应。

五、语言先理解后才能表达

语言能力包括表达和理解两个方面，父母应该知晓宝宝学习语言时对语言的理解早于语言的表达。1 岁左右的宝宝开始能够对熟悉的词语作出看、指、说等回应，能够理解简单要求，如“把垃圾丢进垃圾桶”“把你的水杯给我”等，当能理解 50 个词以后就可以逐渐

表达语言了。宝宝通常按照先名词、动词，后形容词、副词、介词、助词的规律逐渐掌握语言，在约 1 岁后进入语言表达发展的快速时期，但发展速度个体差异较大。

这个年龄段家长与宝宝交流时应注意与宝宝视线处于同一水平线上，保持面对面，保证家长与宝宝互相均能看到表情及口形，可以多用肢体语言、手势等，确保宝宝能通过肢体加语言更清楚地理解语言的含义。进行日常活动时，父母可以跟宝宝用描述性语言讲述，如“我要给你先换尿不湿，然后穿裤子。”“下雨了妈妈好冷啊！”“宝宝笑了，好开心啊！”

六、怎么帮宝宝学说话

婴儿早期虽不会说话，但早已通过听和看开始了语言的学习和理解，这是一个输入接收和积累的过程。家长在与宝宝交流时一定要放下手里的其他事情（包括手机），保持与宝宝的眼神交流，并敏锐地观察宝宝的面部表情、肢体语言及发声，从而准确地理解宝宝的沟通内容。6 月龄左右的宝宝，对说话的兴趣越来越浓，家长会发现他 / 她经常咿咿呀呀，发出“da-da”“bu-bu”“ma”等声音，并经常自娱自乐，发出声音后自己很开心地笑，有时还要大声尖叫。如果发声时父母有回应，他 / 她会更经常地发声与父母互动，还会用声音表达惊诧，如“喔”或“哦”等。8 月龄左右宝宝模仿和回应更加频繁：当父母对他 / 她微笑时，他 / 她也会微笑；当爸爸说“ba”时，婴儿也跟着说“ba”。宝宝对熟悉的词语作出动作或声音的回应，听到自己名字或熟悉的人名、物体名称、身体部位或图片等时，他 / 她能够明白并会去看、指或作出回应。家长与宝宝说话时尽量看着宝宝的脸，让宝宝看到说话者的口形，和宝宝说话要尽量用夸张的语调，放慢语速，语句要尽量简单。生活中最常见的是家长语速很快，句子很长，影响了宝宝学习理解。

宝宝 7 个月时，经常咿咿呀呀地发声，妈妈希望能尽快教会宝宝说话，但对着宝宝说很多话时宝宝好像并没有认真听，而用简单字与宝宝交流时宝宝会特别认真地看着她。妈妈反思，如何做更好。“如果把我放在一个全是外国人的环境，我应该怎样才能学会那门外语呢？答案可能是只有外国人不断指着苹果说‘apple’，经过很多遍的重复学习后我才能学会。如果外国人指着苹果总是说一大段话，我可能真的不知道什么意思，最后学不会就放弃了，不再认真听了。”想明白了这一点后，妈妈就将自己的语言尽量简明，有时缩减到 1～2 个字，比如给宝宝水杯时说“水杯”，有时会用短句“宝宝吃奶啦”。不到 12 月龄，“吃”“再见”等词语宝宝就都学会了。

七、非语言沟通的姿势动作怎么学

小铃铛妈妈的苦恼是宝宝 11 个月了，别人家的宝宝都会挥手表示“再见”了，而小铃铛就是不会做。于是妈妈带小铃铛到儿童保健门诊找医生看看是否异常。医生问小铃铛妈妈：“你平时是怎么教的呢？”小铃铛妈妈说：“我们就是在离开的时候给别人做‘再见’的姿势并且要求小铃铛学做，但他从来都不合作。”医生说：“你有示范小铃铛‘再见’怎么做吗？”小铃铛妈妈问：“怎么示范？”医生说：“观察和模仿是婴幼儿学习口头和肢体语言的重要方法，所以你们可以先全辅助帮宝宝练习（即手把手教宝宝无差错完成），然后是半辅助帮宝宝练习，最后才是宝宝自主完成的模式。比如小铃铛才 11 个月大，他能将语言和动作联系起来的前提是需要明白语言意思，照养人可以每次在与别人分开的时候

先说‘再见’的语言，然后拿起小铃铛的手向对方做出‘再见’的姿势，即帮助小铃铛将语言和动作联系起来，协助练习。多次练习以后，你可能会发现你说完‘再见’时小铃铛举起了手，但没有举到做再见的高度，你可以等他不再往上举时，用手帮助他举到位置并很开心地说：‘对，再见！’。这种半辅助完成很多次以后，小铃铛才会稳定自主地完成再见姿势。”小铃铛妈妈按照医生的方法练习，果然小铃铛在一段时间后就会做再见了。

其实有时父母高估了宝宝的理解能力，认为宝宝一定会理解我们的想法。事实上父母需要换位思考一下：如果我是那个不会做再见的宝宝，我需要父母怎么做才能让我学会这些姿势语言？一定是家长示范加简单讲解，并且宝宝不断反复在生活中练习，才能真正掌握。

八、孩子说的话别人听不懂怎么办

红红在 6 月龄以后就会无意识地说“爸爸、妈妈”，而且很爱跟人交流，但现在 1 岁半了，爸爸、妈妈都说她话很多，就是别人听不懂，而且她说话时面部表情很丰富，与爸爸、妈妈说话时表情很接近，话也很长，语调也有变化，就是没有语义。红红 1 岁半时，妈妈带她到语言门诊就诊。医生跟红红交流后建议：“回家后家长放慢语速，尝试简化语言，1 个月后来随访。”红红妈妈问：“怎么简化？”医生说：“简化为符合宝宝现在语言水平的语言，比如说一个名词或动词。”

孩子在 1 岁左右可以说出第一个真正的沟通性词语，此后孩子会从父母平时的手势、面部表情、声音特征、语气语调等中获取信息，然后再传达出自己的信息。这段时间父母表达的细节会被孩子记录在大脑中，并很快转化成他 / 她的语言和肢体动作。这就是为什么有些孩子的表现与父母相似的原因。如果一家人的语速很快，经常都大段大段地说话，孩子听不懂话里的内容，他 / 她就只能依靠模仿父母的手势、面部表情、声音特征、语气语调来表达，但由于词汇量有限无法组成句子，这就是红红出现这种情况的原因。所以，父母在孩子学习语言阶段要先放慢语速，简化语言，让孩子真正理解你说的内容，他/她才能学以致用。

九、给孩子开口说话的机会

小刚1岁8个月了，除了爸爸、妈妈、爷爷外，什么话也不说。在诊室里小刚跑过去拉住妈妈的衣角发出类似哭泣的声音，妈妈立即问道："你又想吃小馒头了？你好好配合医生，妈妈就给你。"小刚停止哭声点点头，妈妈就把一袋小馒头都递给了小刚，小刚拿到小馒头以后妈妈又说："小刚，说小馒头，你说小馒头。"结果小刚只是吃东西，完全不理会妈妈，妈妈对医生说："他就是这样，什么也不学。"医生说："我知道了，您可以学习一下如何为宝宝创造交流机会。"

给宝宝创造学习语言的机会是促进语言发展的重要一环。很多细心的父母能做到及时满足宝宝的需求，却忽视了日常生活中的语言学习机会。如果都像小刚妈妈那么"善解人意"，宝宝不需要说话，所有的需求都能得到满足，那么他为什么要说话呢？如果小刚拉住妈妈的衣角发出类似哭泣的声音时，妈妈询问他"想要什么"，小刚就有了"指物"或"拉着妈妈去拿"的动作表达机会；如果小刚指了以后妈妈问"是要小馒头还是要旁边的水杯？"小刚就又多了模仿和表达的机会。如果在递给孩子前问"你要的这是什么呀？"，小刚无疑有了第三次学习的机会。如果孩子回答了，给予表扬；如果没有回答，家长可以描述出来，又创造了教他"小馒头""拿""吃""开"等词的机会。在孩子的需求满足之前他的注意力完全集中在父母身上，这个时候是很好的学习语言机会，经常会起到事半功倍的效果。所以，父母发现孩子的需求后，等待3秒（给宝宝制造表达需求的机会），3秒后如果孩子没说则家长直接说名词或动词，然后在给孩子的同时还可以复述语句，加强记忆，当孩子第一次用语言表达时，如果发现这样得到东西更快或受到表扬，他就会更多地去学习使用语言。

十、语言能力发展的关键期

2 岁左右是孩子语言能力快速发展的阶段，2 岁时孩子大约可以理解 400 个字，3 岁时可以达到 1000 字。大多数孩子在此阶段学会了使用人称代词，如“我的帽子”“我要出去玩儿”；能理解家长连续 2 个或 3 个指示，如“把小老虎拿来放沙发上”；能理解方位和区分性别；能正确用词，如单复数、介词等，并能正确发音；会流利地说 2～4 个字的句子。这个年龄段孩子听家长读绘本时会看着书并适时翻页，用笔乱画时尝试说出自己乱画的含义。

孩子天生具有语言学习的基本技能，但环境会影响孩子的语言学习。语言环境输入是指我们在日常生活中能够给孩子的语言刺激。语言环境输入对孩子获得并提升语言能力非常重要，因为孩子不仅仅是简单地模仿大人说话，还能从周围人复杂的语言中提取相应的语法规则，在大脑中产生模糊的理解并出现假设，如“她”代表一个人，“她们”代表很多人，宝宝假设成立后就会在生活中试用。如此反复，宝宝最终理解了语言，并在周围人的影响下形成自己的语言特点。

十一、家里普通话、方言等需要统一吗

很多家庭有同时使用多种语言的情况，比如爸爸、妈妈说普通话，爷爷、奶奶说方言，有时爷爷、奶奶也说不标准的普通话，家长很担心，这对于孩子的语言发育有没有影响？通常情况下，家人用他们掌握得最好的语言与孩子交流就好，不用刻意改变。对于学习能力正常的孩子，家里有多种语言共存没有关系，孩子有了学会多种语言的机会，尽管可能开口说话的时间并不早，但很多孩子一说话就会对不同的人使用不同的语言。有研究表明，多种语言环境下，每天出现频率大于 25% 的语言可能会最先学会，因此家长有必要注意保持起码一种语言在生活中的高频率出现。

十二、2～3 岁孩子口吃怎么办

浩浩，2 岁半，妈妈发现浩浩之前说话都很好，突然这段时间说话很着急，似乎想很快告诉家长，造成有时会出现说话结巴，爷爷、奶奶听到也很着急，总想纠正宝宝，结果越批评，宝宝结巴的情况出现越频繁。

其实很多时候，这个年龄段孩子的口吃现象并不是因为着急，而是因为掌握的句法及词汇还不足以模仿成人，但又想去模仿成人说话造成的。建议家长耐心倾听并放慢说话的速度。与孩子说话时，用较从容、缓慢的语速并经常停顿。在孩子说完话后，停顿几秒再开始说话。家长用舒适放缓的语速进行示范，并告诉他“说话慢一点儿！”“重新再慢慢说！”效果会更好。对有些孩子来说，更轻松的生活节奏对其讲话也很有帮助。对于孩子说得不流利的句子，不需要让孩子重复说，重复说可能潜在地告诉孩子刚才那句话有问题，产生一种负强化，反而加重孩子口吃。但如果口吃超过 3 个月、有家族史，尤其是男孩子，应引起重视，及时到医院就诊。

十三、2～3 岁孩子的语言能力与培养

2～3 岁孩子语言发育的里程碑事件包括：①可以听懂 2～3 个连续的指令；②可以认出照片中的人和物，并说出名称；③理解大多数句子；④理解空间和位置的关系，如“里面”“上面”“下面”等；⑤应用含有 4～5 个词语的句子；⑥能说出自己的名字、年龄、性别；⑦能应用主语、宾语代词（我、你、我们、他们等）和某些带复数含义的短语（很多汽车、几个灯、几只小鸡等）；⑧能让陌生人理解自己说的话。

2～3 岁孩子的语言已经到了能说含有 4～5 个词语的句子水平，所以跟这个年龄段孩子说话时需要使用语法规则，可以把人称代词用在句子中，如“我的小狗”“你的玩具”“他的手套”；使用数量词，如“一个苹果”“两个电灯”；使用方位词，如“上面的

玩具”“鞋在下面，玩具在上面”等。有的家长不了解，与孩子交流时仍然用很简单的句子，如“宝宝吃水果”等，其实这个时候可以尝试对孩子说：“你过来，我们吃苹果。”家长往往没有意识到语言的进步是家长的示范和孩子不断练习的结果，而且示范以后要把说话的机会让给孩子。父母的“谦虚”和假装变笨可以增加和孩子对话的机会，多与孩子讨论会促进他交流互动能力的发展。

经常有妈妈问“如何给孩子讲绘本，如果孩子不感兴趣怎么办？”一方面，要选择与孩子年龄、发育水平相适应的绘本；另一方面，同一个绘本要尝试多讲几次，甚至可能用 1 个月的时间孩子才能喜欢上。比如讲了 3 次以后开始指着书中的图片微笑着注视孩子，引导其参与，心里默数 3 秒（如一千零一、一千零二、一千零三），3 秒后如果孩子说不出来，家长就直接说，如果孩子说出来了，一定给予鼓励，讲的过程中家长要不断表扬孩子自己能描述的部分。有时大概 1 个月孩子就自己把简单的绘本讲完了。讲绘本过程中，家长的亲密互动、孩子体会到的成就感等因素都能帮助孩子喜欢上读书。

第二节　亲子阅读

一、火火的亲子阅读

亲子阅读，又称“亲子共读”，它是以书为主要媒介，以阅读为纽带，让孩子和家长共同分享多种形式阅读的过程。低龄幼儿理解能力及阅读能力有限，建议亲子阅读以绘本故事为主。绘本顾名思义就是“画出来的书”，即指一类以绘画为主，兼有少量文字的书籍。绘本是把图画与文字相结合，以图文并茂的形式讲述一个故事，其中图画不再是文字的附属，而是用图画来讲述，内容涉及动画、文学、教育、科普等。

阅读能力的培养是个长期的过程，早期父母参与的亲子阅读可以作为阅读能力培养的起点。首先，亲子阅读对增强孩子的语言能力、培养儿童的阅读兴趣、激发婴幼儿的阅读动机是非常有益的；其次，通过亲子阅读，父母和孩子可以共同学习，创造更多的共同话题，增加互动沟通的机会，拉近父母与孩子的距离。同时，亲子阅读还可以带给孩子快乐、智慧、希望、勇气、热情和信心，对良好性格的培养起到积极作用。

二、6 月龄以下宝宝也需要亲子阅读吗

6 月龄以下宝宝不会说话，大部分语言也都听不懂，所以，爸爸、妈妈们很容易忽略这个阶段的亲子阅读。但早期亲子阅读是早期亲子教育的重要内容，越早开始可能受益越多。在选择绘本之前，有必要了解宝宝的生长发育特点，根据其特点选择更适合的图片。在视觉方面，1 月龄的宝宝仅能看见 15～20 厘米内的实物，2 月龄开始可以协调地注视实物，3 月龄时已具有三色视觉，4 月龄时开始对颜色鲜艳的图画感兴趣，6 月龄前他们对规则的对称图形更感兴趣。在听觉方面，新生儿出生后就能听到声音，宝宝 1 月龄时能辨认出声音，

4 月龄时能分辨出不同的语调、语气和音色，6 月龄时已能听懂成人日常生活中的很多语言。他们对声音强度、频率、持续时间等方面的差异具有一定的敏感性。

三、6 月龄以下宝宝的绘本选择与共读要点

这个阶段建议选择色彩对比强烈的绘本，比如黑和白、红和绿、蓝和黄等，内容要有大块的图案设计或曲线图，这样可以提高宝宝的视觉感受能力。也可以选择挂在墙上的纸质绘本或围在床边的布质绘本，这类绘本安全性强，让宝宝反复看这些颜色鲜艳、形状繁简不同的图形，可以在不知不觉中对宝宝进行视觉训练。

小月龄的宝宝理解能力有限，所以在亲子阅读中最重要的是营造良好的听读环境。这个阶段的宝宝大多数还不能坐着双手捧书，所以这一时期多数是躺着或抱着，以家长读、宝宝听的形式进行。爸爸、妈妈可以选择一些有韵律的儿歌，配合着图片来吟唱，3 月龄以下选择黑白色为主的图片，3 月龄以上可以选择颜色鲜艳的图片。吟唱时语速要慢，配合着夸张的语调和表情来吸引宝宝的注意力，可以边唱边给宝宝看相关的图片，用这种视听结合的方式发展宝宝的感知觉。5～6 月龄的宝宝已经能主动抓物，具备了基本的手眼协调能力，可以让宝宝抓握着摇铃，跟着节奏摇动发出声响，也可以拍着宝宝的小手、小脚打节奏，让宝宝感受语言节奏的

变化。这一阶段绘本内容不是重点，重点是让孩子感受爸爸、妈妈的声音，熟悉周围语音环境为主。

四、给胎儿阅读——亲子阅读的第一个契机

很多妈妈把阅读故事作为一种胎教方式，把亲子阅读的关口前移到胎儿期，不仅在怀孕期间起到安抚胎儿的作用，宝宝出生后还可以延续这种互动方式，给宝宝充分的安全感。这个做法大家可以借鉴。阅读的题材可以丰富多样，不仅仅限于童话故事，阅读者也不仅仅是妈妈，其他家人（尤其是爸爸）的加入能起到更好的作用。其实胎儿在出生前 3 个月，大脑皮层的发育已经开始具备了在中枢神经系统参与下对内外环境进行规律性应答的能力。这个时期形成的习惯性应答将会延续到出生以后。怀孕期间以讲故事的方式进行胎教，这个时候

生活小故事

阿美是位年轻的妈妈，从怀孕 3 个月开始给孩子读绘本故事。每天睡前 10 分钟的互动时间，阿美扮演着不同的角色，向肚子里的小宝宝讲述着一个个温暖的童话故事。很快，宝宝来到了这个世界，初来乍到仿佛一切都变得不安全，她有时不明原因地哭闹。但是只要阿美再次模仿童话故事里角色的声音，宝宝就会慢慢安静下来，像回到妈妈肚子里一样甜甜地睡去。从此以后，讲故事成为了阿美和宝宝最和谐的互动方式。

胎儿可以听到一部分外界的声音，并对声音刺激作出相应的反应，有些宝宝会变得好动，有些会安静下来。出生后再次听到类似的声音，会让宝宝有亲切感，帮助他快速适应外界环境，成为一种非常有效的安抚方式。

五、阅读启蒙，需全家参与

现在大多数妈妈都懂得科学育儿的理念，但是孩子在一个家庭中生长，科学的育儿理念需要家庭中每个成员掌握。所以，在孩子出生前甚至怀孕前，主要照养人就需要统一意见，共同努力，给孩子营造和谐、优质的生长、生活环境。大多数家庭中亲子阅读都是妈妈在承担，其实亲子阅读是需要全家人参与进来的，尤其爸爸的参与会对孩子性格品行的形成起关键性作用。亲子阅读是个很好的拉近爸爸和孩子距离的方法。有研究表明，爸爸给孩子讲故事，语速更为缓慢，更利于语言萌芽期的幼儿去模仿。

六、6~12 月龄宝宝的绘本选择与共读要点

这个阶段的宝宝大多数能自己坐着，双手捧着图书，不仅仅是单纯听爸爸、妈妈阅读，自己可以看绘本上鲜艳的图片了。虽然他们大多数时候还是把绘本当作一般的玩具，通过触摸、啃咬等方式来“探索”它，但是随着宝宝观察能力的提升和精细动作的发展，他们逐渐学会用手指出画面里熟悉、喜欢的物体，有些宝宝还

会把图片里的东西跟实物联系起来。6～12 月龄宝宝可以选择色彩鲜艳、形象突出、主题鲜明的绘本，可以让宝宝认识生活中常见的事物。同时这个阶段的宝宝具有非常强烈的探索欲望，并且手指精细动作发育达到新的阶段。这个时候可以选择一部分洞洞书、机关书，在满足与宝宝亲子共处和语言发育的同时还能锻炼其手指精细动作发育。用嘴啃是这个阶段最常见的现象，宝宝好像在用小嘴巴认识这个世界，所以安排一部分能够啃咬的书也非常重要。容易清洗、耐用的布书，纸张厚、圆弧角的纸板书都是不错的选择。

6～12 月龄宝宝大多很好动，再加上注意力容易分散，很难让他们安静下来完整地听完一个故事。所以，这个时候听故事不是重点，讲故事的方式和亲子互动才是重点。因此，不要过多地在意亲子阅读的时间和形式，可以让宝宝通过各种感官直接感知，比如听、看、触、摸、尝、闻等，多途径获取丰富的经验。

6～12 月龄宝宝虽然在语言上不足以与爸爸、妈妈互动，但是可以采用表演式的阅读方式来吸引宝宝的参与。比如看到绘本上的鸭子，可以学鸭子摇摇摆摆走路的方式，同时学鸭子“嘎嘎”的叫声；看到汽车，可以拿出真实的汽车玩具让宝宝对应起来，同时模仿汽车鸣笛的“嘀嘀”声。这样的阅读方式可以增加亲子阅读的趣味性，在游戏中让宝宝认识很多事物，增加宝宝的阅读兴趣。同时注意亲子阅读的环境，在进行亲子阅读时，尽量保证宝宝视线内不要有其他玩具、食物甚至其他绘本，更不要有其他人讲话或引逗宝宝，这些都可能吸引宝宝的注意力而导致其不再对阅读感兴趣。如果宝宝确实被其他事物吸引也不要紧，可以继续为宝宝阅读，甚至作为宝宝玩耍过程中的背景音也可以。但如果宝宝出现抵触情绪，开始排斥阅读，不要强制继续阅读，以免以后宝宝对亲子阅读出现消极情绪。

七、掌握时机和形式，培养阅读兴趣

亲子阅读要掌握正确的时机，选择孩子心情相对好的时候进行，效果才能事半功倍。还要注意尽量不要在孩子困了、饿了、有负面情绪时阅读，也不要在孩子玩儿其他玩具非常兴奋时强行要求阅读。但即使这样，1 岁以内宝宝的注意力也是很容易分散的，很难较长时间注意同一事物。1 岁以内宝宝不要拘泥于固定的阅读方式，可以允许宝宝有自己的方式，比如不按顺序翻书，几页几页地翻书，只要宝宝有兴趣翻书、看书，就尽量不干预，否则会磨灭宝宝读书的兴趣。也可以一定程度上允许宝宝边玩边听，甚至把故事作为营造氛围的背景音。读绘本时尽量声情并茂，能加入适当肢体语言会让宝宝更有兴趣。

八、宝宝爱撕书怎么办

1 岁左右是孩子精细动作发育的高峰期，这个阶段的孩子会抓紧一切机会去锻炼自己的小手。"撕"是儿童精细动作发展的重要一环，可有效锻炼手指灵活性及力量。同时，孩子的这些行为也是表达感兴趣的一种方式。但是目前市场上的绘本大多价格不菲，完全放开让孩子去撕书是不现实的。对于 1 岁以内的宝宝，建议家长自制一些"可撕书"，比如旧台历、广告宣传册等，同时再买一些比较结实、防撕咬的硬板书。这样既保护了绘本，又能让孩子尝到"撕书"的乐趣。而 1 岁以上的宝宝可以逐步建立秩序和规则性，可以用温柔但坚定的语气告诉宝宝不可以撕书，并适当转移注意力。如果宝宝把书撕坏了，可以跟宝宝一起把书粘好，逐渐使宝宝懂得珍惜书本。

九、1～2 岁孩子的绘本选择与共读要点

这个阶段的孩子已经开始意识到书和其他玩具不一样了，虽然有时候他们还是会啃咬或撕书，但已经能部分地吸收绘本中的内容了，有时候还会对绘本中的内容作出反馈，这个时期才真正有了阅读的意义。1～2 岁孩子对绘本的选择开始出现倾向性。妈妈可以根据孩子生活中的喜好来选择绘本。如果孩子喜欢动物，可以选择动物为主角的绘本故事；如果孩子喜欢汽车，可以选择各种汽车相关的绘本；还可以选择跟孩子日常生活息息相关的图书，比如习惯养成类的，让孩子看到绘本中的主人公也和自己一样，每天要吃饭、刷牙、洗澡……还可以把书里的主人公作为榜样，让孩子跟着去学习。形式上可以是儿歌、童谣、简单的一句话、一幅画的图画书等，都是很好的选择。

1 岁以上的孩子逐渐开始掌握行走的技能，这个时期孩子会更加好动，他们对身边的一切都充满好奇，经常走来走去，很难在一个固定区域内待一段时间。所以，不用要求阅读的固定时间、固定场景，只要孩子情绪稳定，都可以进行亲子阅读。有些孩子开始主动找书了，出现这种情况一定要及时给予积极的回应，凡是孩子主动找到的书，一定要认真、投入地给孩子读。这个阶段是孩子学习语言的关键期，家长读绘本时尽量控制语速，保证孩子能听清楚，尽量用标准的语音来阅读绘本，有助于孩子正确模仿发音。

在读故事时，碰到绘本的关键信息或孩子熟悉的事物，可以用手指点出来，强调让孩子关注，同时可以把实物找出来放在一起让孩子对比。为了增强互动，家长还可以问孩子简单问题，多次阅读后可以逐渐提高问题难度，比如“苹果是什么颜色？”如果孩子答不出，给出正确的答案即可。这个时期的孩子仍很难完整地听完一本书，有时候上一页还没有讲完他们就会着急地往后翻甚至会跳过好几页。我们不用强求孩子按照顺序去读，但爸爸、妈妈在读书前要尽量做好准备工作，要对故事内容有一定的了解，在孩子出现跳读时，及时调整故事情节，适当删减，保证故事的连贯性。

十、如何给宝宝读英语绘本

在孩子语言的萌芽期，一些家长希望让孩子早点儿接触英语，但被“如何给宝宝读英语绘本”这个问题所困扰。其实这个时期读英语绘本没有必要句句翻译给孩子听。对于小一点儿的孩子，可以有意识地引导他们听英语童谣，感受英语的语音、韵律以及常用词汇，这个时期互动是必不可少的环节，可以把英语童谣作为亲子游戏的内容，结合歌词来互动，才是真正有效的“磨耳朵”。对于稍大点儿的孩子，家长可以给他们读英语绘本，不需要翻译成中文，让孩子直接将听到的语音和书上的图片联系起来，自然理解英语词汇，才能达到更好的效果。

十一、阅读让生活更圆满

生活中很多父母由于种种原因不能陪伴在孩子身边，可能影响孩子身心发育和亲子关系。绘本故事不仅是现实生活的写照，还可以作为现实生活的补充。在绘本故事里感受本应存在却无奈缺失的爱，让孩子有个更完整健康的童年，对孩子性格及世界观、人生观、价值观的形成具有重要作用。

生活小故事

冰冰的丈夫由于工作原因长期在外地，有时甚至半年才能回家团聚一次。儿子出生以后，这种情况并没有改变。于是从 9 月龄开始，冰冰给孩子读了很多关于爸爸的绘本故事，孩子没有辜负妈妈的心意。当他 1 岁左右咿呀学语时，便学着书里面的小熊说："爸爸！爸爸最好！我爸爸最好！" 1 岁半时爸爸终于休假回家，孩子很快没有了陌生的感觉，非常喜欢爸爸，整天围着爸爸转，还会把"我爱爸爸"挂在嘴边。

十二、2～3 岁孩子的绘本选择与共读要点

2～3 岁孩子已经明白书是一种特殊的用来看的"玩具"，不再撕书、咬书或把书搬来搬去了。这个阶段的孩子已基本上具备交流能力，爸爸、妈妈讲的故事已经大部分能听懂，甚至能谈论自己的感受。这个时期孩子会对绘本有很明显的倾向性，他们更喜欢选择与自己生活有关联或相似的故事，可能会重复地要求讲固定的绘本，对于熟悉的故事表现出极大的满足感。2～3 岁孩子记忆力超强，能背唐诗、三字经等，他们会牢固地记住熟悉的故事，如果爸爸、妈妈讲错，他们会纠正。这个阶段可以继续选择主角是动物（可以描画成可爱形象的动物种群，兔子和老鼠、猪是这个时期较多出现的角色），并且更加拟人化情景的绘本。有些作者别出心裁，把成年人认为凶猛的蛇和恐龙等刻画得很有爱，也获得了宝宝的喜爱。也可以选择和同龄宝宝言行举止密切相关的生活情景，比如刷牙、大便、吃饭、睡觉等。因为是孩子熟悉的生活，经图画书中夸张的文图再创造，特别能引起宝宝小心灵的共鸣。同时也要注意绘本最好文字简单，声音效果突出，包含各种象声词、拟声词等。

亲子共读时同样要求我们给孩子讲故事之前尽量要提前熟悉故事内容，因为再简单的文字，第一次朗读时在字音、断句、重音和连贯性上也易出现错误。这可能会直接影响你的表达和小听众对故事的理解。所以在讲故事前应先通读一遍，了解故事脉络、角色特征、语言风格等，才能更好地完成朗读。另外，要想让孩子对阅读感兴趣，父母要表现出乐在其中的状态。这样才会让孩子通过模仿向你学习，并被你的情绪所感染。所以，在亲子共读的过程中，父母的热情可以更好地激发孩子的阅读兴趣。要把绘本读得有声有色，声音、表情非常重要。可以采用声调高低、声音大小、声色粗细及生气或开心的腔调来表现故事中的人物和情节的变化，还可以适当模拟故事中角色的动作和手势，使故事更形象化，以此帮助孩子保持注意力。此外，朗读的时候还要控制好速度，让孩子有时间去理解和吸收。

2～3 岁孩子对于感兴趣的故事，通常会要求讲很多遍。讲的次数多了，其实他们自己也差不多全记住了。这个时候，可以鼓励孩子也试着讲给家长，这对孩子而言是一种更

高层次的阅读体验，利于激发成就感和自豪感。孩子有时可能不太愿意，但是往这方面鼓励，对其阅读能力、思维能力、演说能力都会有很大的锻炼和提高。有条件的话还可以全家一起参与，根据绘本编成情景剧，每个人扮演一个角色，把故事的进展演绎出来，更有利于孩子去理解故事情节。

十三、一个故事反复听，多维度促进孩子认知能力发展

如果孩子出现反复听同一个故事的需求，不用过多担心，也不用强制讲其他故事。这与认知发展有关，大多数孩子或迟或早都会有喜欢反复听一个故事的表现，这只是一个成长的过程。孩子总喜欢听一个故事，是因为那个故事还徘徊在他的心里，由于孩子的理解力有限，并且关注点不一样，所以每次听故事，即使是完全一样的故事，他们也会从中找到新意。可能第一次他 / 她喜欢的是人物，第二次喜欢的是情节，第三次理解了某个词语或概念，在孩子的感受里并没有觉得“重复”。

“重复”对于年幼的孩子来说是一种复习习惯的萌芽，这种重复并不是孩子记忆力差，而是他想把这个令人着迷的故事记得更牢固，从而消化吸收成自己的知识。还有一种重复现象也很有意思，就是孩子喜欢读一个系列的书。这些书中的人物可能是重复出现的，故事情节也很相似，只是内容和知识点不同，这是孩子从听读到独立阅读很重要的一个环节。为了满足孩子“重复”的需求，也不让家长感觉无趣，在讲故事时可以故意漏掉其中的环节让孩子去补充，也可以此为条件要求试着读另外一本书，来转移注意力。

十四、模仿是孩子的天性，正向引导很关键

在亲子阅读过程中，大家可能会发现，越是贴近日常生活的绘本，孩子越喜欢。孩子会模仿绘本中的各种行为，如果孩子模仿绘本中不好的行为，不用过度担心，因为模仿是孩子的天性，我们人类大部分学习是从模仿开始的。幼儿期缺乏明辨是非的能力，对于绘

本故事中他们喜欢的角色，不论好的还是坏的行为，他们可能都会去模仿。这个时候家长不用过于担心，可以给予适当的正向引导，或者在读绘本的时候就告诉孩子主人公的哪些做法是正确的，要去学习，哪些做法是错误的，要改正。如果孩子还是会去模仿错误行为，可以在以后读绘本时适当减弱或减少错误行为的描述，减少相关心理暗示，同时增加正确行为的描述，让孩子对正确行为有更多的印象。

十五、读绘本万物有情，帮孩子学会情感表达

传统的中国家庭有很多人不善于表达情感，这有我们民族文化的特色，亲人常常把爱藏在心底，在孩子不会分辨真实感情的时候，这种情感表达的隐匿可能让孩子不能确定父母是否爱自己。这个时期可以借助绘本故事的方式，更自然地向孩子说出自己的爱，让孩子充分享受爱意，同时学会表达自己的情感。**每个家庭都有独特的养育方式，有时候我们会意识到自己养育方式的不完美，但因为各种主观、客观因素无法改变，这时候通过亲子共读的方式可以达到更完美的效果。**

生活小故事

萌萌出生在一个传统家庭，父母不善于语言表达，尤其不善于表达爱意。他们想出通过绘本故事教会孩子共情和表达，于是他们选择了很多温情的绘本，比如《猜猜我有多爱你》《大熊有个小秘密》等。现在萌萌两岁半，每天都会对着爸爸、妈妈张开双臂，说："我有这么这么爱你。"还会摸着妈妈剖腹产留下的瘢痕问："妈妈你还疼不疼？"

第四章

提供资源与机会

第一节 促进早期学习的环境创设

一、家庭环境——早期学习环境的重中之重

家庭是儿童最重要的学习环境。宝宝出生以后，他/她每天最多的时间就是和家里人在一起，包括父母、兄弟、姐妹，可能还有祖辈等。

和谐的家庭关系会让宝宝心情平静，有更多的安全感，这是进行早期学习的基础。家庭关系和谐温馨，呈现给宝宝的是愉快和稳定，这是儿童早期学习和健康成长的必要条件。家庭中一个成员情绪不好，就会对整个家庭氛围产生影响，宝宝也会受到影响。因为情绪具有传染性，即便成人很会掩饰，也会通过肢体语言传达给宝宝。小宝宝很难理解和判断家人为什么情绪不好，容易把问题的原因归结到自己身上。这种不安全感可能抑制宝宝的学习兴趣和动力。一些研究表明，受到严重虐待和忽视的儿童易受毒性压力影响，甚至改变大脑结构。

家庭也是培养儿童坚韧性格的重要环境，这种性格是保持学习动力、克服困难的重要品质。家庭成员之间是如何交流的，如何形成和执行家庭内规则的？在遇到

困难时是如何应对和支持的？这些家庭互动都会对儿童以后的学习发展产生重要影响。

家长采取的养育风格，在塑造儿童性格方面起着重要作用。强制型的家庭，经常会使儿童认为自己不够好，从而按父母的期望改正自己的行为，容易养成把别人的需求看得比自己重要的性格。目前认为，最有利于儿童成长的家庭环境，是既能高质量地满足儿童身心发展的需求，又能用正确的方法实现对儿童的高要求。

二、家庭环境中玩具的选择——只有益智玩具才“益智”吗

玩具是家庭中给儿童创造早期学习机会的重要媒介。家庭给儿童准备的玩具应包括以下四类：促进大运动发展的，如球、小车；促进认知发展的，如积木；促进艺术和创造力发展的，如彩泥、画笔；促进想象力发展的，如过家家、装扮道具等。

玩具不一定都是买来的，很多家庭自制的玩具能起到同样的作用。有些家长相信玩具上标注的“益智”等字眼。其实，这些益智玩具的范围较窄，主要有飞行棋、跳棋等棋类玩具，九连环之类的解套类玩具，以及拼图、积木、打击乐玩具等。而要真正达到“益智”的效果，首先要使儿童感兴趣，儿童觉得“好玩儿”；其次要与儿童的年龄相适应。有些玩具看起来很好玩儿，能变化出很多花样，但是却超过或落后于儿童能力水平，其实很难给儿童带来乐趣。

玩具的核心功能是提供亲子互动的机会。家长陪同孩子一起玩儿，简单的玩具也可以玩儿出新花样，比如积木当然可以用来砌房子，但同样我们可以用积木来进行投掷比赛，看谁投得远、投得准，或者可以把积木藏起来，一起做找找看的游戏。玩具也创造了儿童自由玩耍的机会。妙用玩具，更能玩儿出亲子感情，玩儿出孩子的智慧。

三、大自然——早期学习环境的宝贵资源

大自然蕴含着最为丰富的早期学习资源，是儿童发展自我、认识世界的宝贵资源。家

长可以充分利用自然资源创造儿童早期学习机会，即便是身处城市，也有必要利用公园、绿地、郊区等给儿童提供享受阳光，接触动、植物，认识自然环境的机会。在大自然中，我们可以从以下几个方面引导儿童嬉戏。

自然环境是儿童天然的游乐场。草地、溪流、山丘、树林，这些自然环境各有各的美妙。孩子通过在草地上奔跑、在树林里穿梭，能够感受新鲜事物、放松心情、锻炼体能，还能充分享受日光浴、空气浴，补充维生素 D，从而促进钙吸收与骨骼生长。

自然环境给儿童带来丰富的感官刺激。比如植物，各种颜色、形状、气味、性状，包括水生的、草本的、阴生的、爬藤类等，不同的植物有不同的特点，不同的季节有不同的风景。家长可以结合季节和生活常识，比如春天有很多花，可以和孩子一起描述花朵的颜色、气味；到了秋天，可以到田里和孩子一起挖花生、摘果子，还可以带他们一起清洗煮食，享受劳动的喜悦。

自然环境创造了最优发展认知的机会。大自然给儿童提供了丰富的认识各种生物的机会。天上的鸟，水里的鱼，土里的蚯蚓，植被上的昆虫，在自然界中总有惊喜和新奇出现。根据每个孩子的爱好，可以观察爬虫的形态动作，或者养个蚕蛹，看看蜕变的过程。

带孩子享受大自然的同时，一定不要忘记将安全放在第一位。

四、享受大自然——户外活动安全放第一

带孩子到户外活动，不仅能呼吸到更清新的空气，也可以接触新朋友，活动的项目内容比家里丰富多了。然而，户外活动时常有隐藏的安全风险，保障儿童安全是需要爸爸、妈妈等照养人加以留心的。

户外活动首先要选择安全的场所，尽量避免场地环境带来的潜在风险，比如学走路的宝宝，户外活动尽量选择平整的场地，学龄前儿童对速度感知不敏感，要选择与道路隔离的地方玩耍。避免让儿童接触危险或者有害的物质或器具，比如建筑工地的石灰、路边小摊贩的刀剪、易燃易爆的烟花爆竹，儿童都可能因为好奇而接触，从而引起种种危险。

户外活动要做好安全防范。对于儿童来讲，新鲜和好奇是学习的重要动力，他们在玩儿时会无所顾忌，对于危险的预见性不足。家长带儿童户外活动前要提前思考和准备，比如去山里可能要带驱蚊水、跌打损伤药油等。与儿童户外玩耍时，做到保持在 1 米以内的距离，“离手不离眼”，对于危险提前预知和规避。比如孩子在溪边或海边玩水时，家长一定要在旁边近距离看护，观察是否风急浪大，年龄小的宝宝这时不能离手，避开水流湍急的地方，尽早离开。此外，在玩耍过程中，要注意观察儿童的体力会不会消耗过度，儿童的衣物是否合适，有没有出汗过度，及时给儿童补充能量和水分。总之，户外活动只有安

全才能玩儿得开心。

五、充分利用社区资源，优质托育 / 托幼机构是重要补充

家长学校、亲子班、托育 / 托幼机构、社区街道的亲子小屋、移动图书馆等，这些都是促进儿童早期学习的社区资源。家长学校可以为家长提供专业的养育指导，亲子班给家长提供了理论与实践相结合的机会，托育和托幼机构在提供专业照护的同时还解决了家庭无人照料的实际困难，而社区街道的亲子小屋、移动图书馆、儿童游戏器材等则给家长和儿童提供了便利获得儿童图书、玩具和群体活动的机会。

托幼机构是为 3 岁以下婴幼儿提供养育照护服务的机构，优质的托幼机构可促进儿童早期学习，但不是唯一、必要条件。家长在考虑早期学习资源利用时，可以考虑自身、家庭内及周边已经具备了哪些条件和资源，家庭是否从运动、语言、认知、情感和社会交往各方面给儿童提供了支持和发展的机会，照养人是否拿出时间陪儿童玩，家庭是否也给儿童提供了促进发展的玩具图书、给儿童与其他人接触的机会等。

托幼机构并不等于早教班。早教班通常是对 6～24 月龄儿童开设的短时课程，可以作为入幼儿园以前的过渡阶段，也可以作为儿童交流玩耍的一个机会和资源。托幼机构则要从健康、安全、照护、营养等多方面为婴幼儿提供照护，同时为婴幼儿提供共同养育照护的环境，自然产生互相学习、竞争、模仿的情形，促进婴幼儿日常技能的学习和社会交往能力的发展。

家长在考虑婴幼儿是否上托幼机构时，有必要从家庭人手、经济条件等多方面考虑，我们有理由相信很多家庭通过学习和付诸行动，能给儿童创造和提供更多、更好的早期学习机会。

六、选择托幼机构要知道的那些事儿

给儿童提供良好且安全的养育环境，不仅指家庭环境，还包括托幼环境、社区环境等方面。托幼机构是为 3 岁以下婴幼儿提供全日托、半日托、计时托、临时托等服务的机构。家长可以根据自己的需求，决定儿童在机构停留的时间。如何选择托幼机构呢？首先要考虑机构的服务理念、服务氛围，可以从以下几方面考量。

1. 场地整洁，有户外活动区域，有独立的厕所或盥洗室，所有设施均有安全配备。

2. 有符合婴幼儿月龄特点的家具、用具、玩具、图书和游戏材料等，并符合国家相关安全质量标准和环保标准。

3. 托幼机构人员需掌握专业知识，有爱心、有耐心。对于不同月龄儿童，能提供足够的人员，照养人与儿童比例——幼儿班为 1：3，托小班为 1：5，托大班为 1：7。

4. 能提供卫生且符合儿童营养需求的餐食。

除了以上这些基本条件，家长还应考虑托幼机构与家的距离，最好是在儿童步行 15

分钟以内能到达，也就是离家不要超过 1 公里。另外，户外活动区域是否有阳光，托幼机构周边环境，托育师的资质及在该机构工作的年限，都能有效反映托幼机构的综合水平。在正式入托前，最好能有机会试听，这样更有利于家长综合考虑，为儿童选择优质的托幼机构。

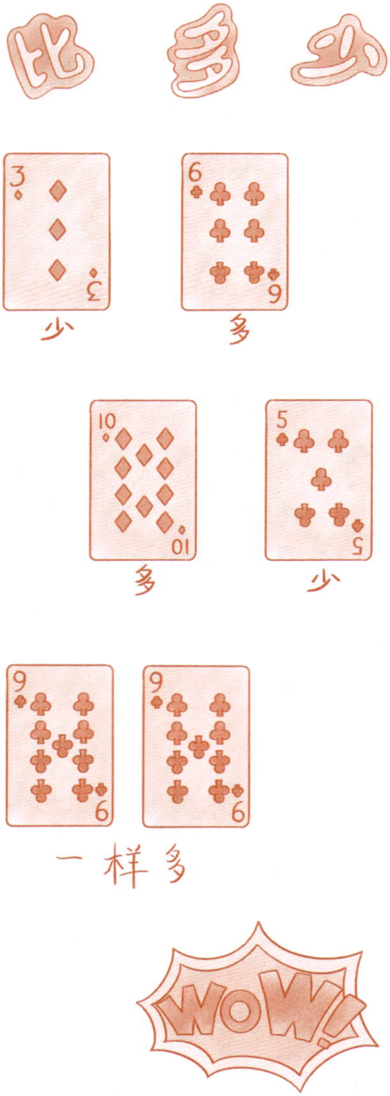

七、家庭资源的发掘与利用

家庭是儿童最主要的生活空间，如何利用家庭资源来促进儿童发展，让儿童在家里也能有效地锻炼和玩耍呢？其实生活中处处是玩具，很多亲子游戏都可以在家里和爸爸、妈妈一起玩。

1. 浴室小游戏。水是孩子很喜欢的“玩具”。小宝宝喜欢洗澡、玩水，大宝宝还可以利用它满足诸多好奇。比如，可以准备一个玻璃杯、半桶水，先把杯子灌满水沉下去，接着把水倒出来，让杯子自由漂浮，再把空杯子底朝上压到桶底，慢慢打侧杯子，让气泡逸出，水慢慢占据杯子。宝宝会觉得很神奇，同时还能对浮力作用有初步认识。此外，还可以叠一个小纸船，模拟“曹冲称象”，让孩子学习怎么化整为零称量一个物体的重量。

2. 纸牌游戏。一副纸牌，虽然只有 54 张牌，却可以玩儿出无穷变化。年纪小的孩子，可以教他辨别颜色、图案、数字；稍微大一点儿的孩子，学习按顺序数数，从 1 到 10。当然还有更高级一点儿的游戏，比如数字配对，把一样大小的牌找出来，或者是“钓鱼”，把能跟手上数字配成 10 的扑克牌“钓”出来。甚至到了小学高年级，还有更高级的玩法，比如如何利用 4 张牌，运用加、减、乘、除四则运算，最后组合出数字“24”，也是一个难度不小的考验。

3. 看老照片，说故事，或者模仿画画，既能加深全家感情，也训练了孩子的想象能力和逻辑思维能力，开心又简单。

4. 运动训练在家里同样可以进行，最简单的工具就是不同大小的矿泉水瓶，装满水或者沙，然后举重、抛高接住；或者是拿一个气球，家里 4 个人分成 2 队比赛，锻炼身体之余还能愉悦心情，其乐融融。

此外，在保障安全的前提下利用露天阳台或者打开窗户让儿童有机会接受自然光，对于儿童健康成长也很重要。

八、良好语言环境如何创设

语言是人类独有的能力，是人类区别于动物最重要的特征。但语言也是需要学习的，并不是天生就会的。

语言能力的发展包括语言理解能力和语言表达能力两方面。大脑中语言理解和表达中枢在 6 个月左右就进入了高速发展时期，给儿童提供丰富的语言环境是促进脑发育的有力方法。丰富的语言环境离不开照养人在日常生活中与婴儿大量地说话、回应及肢体语言交流，通过引导儿童“看”（共同关注）、“指”（肢体表达）及“说”（语言表达），创造与儿童发展水平相适应的语言发展环境。

对于小宝宝，家长吸引他 / 她的目光对视，并对他 / 她发出或者重复模拟宝宝的声

音、表情、动作及语言。在日常生活中，家长要多与宝宝说话，根据宝宝的语言发展水平，使用词、短句子等，比如“我们上街”。利用宝宝的需求，给宝宝创造表达的机会。每当宝宝回应或表达意愿时，对宝宝的努力尝试给予肯定和反复示范。即便宝宝发音不准确时，家长只需要用正确的发音去表达，而不需要说“你发音不对”“不是这样”之类的否定宝宝的词句，或者让他重说。

共同阅读图画书是一个较好的培养宝宝语言能力的方法，还能增进亲情互动依恋，创建良好的倾听环境。利用实物与游戏的过程促进语言能力发展也很重要，比如边玩玩具边描述“娃娃睡觉了”“车子进隧道了”等。互动式的语言交流越多，宝宝的语言学习越快。

同时要注意的是，电子产品不利于儿童的语言发展，应限制儿童使用电子产品。

第二节　促进早期学习的机会不容放过

一、感受关爱——早期学习的基本条件

当婴幼儿与其主要照养人保持着一种亲密无间、相互信任的关系时，他们会学得又好又快。在与父母及其他家庭成员相处中，儿童知道自己被人关爱，并且自己对家人来说很重要。他们学会信任，如“当我摔倒时，我知道你会在那里。”他/她开始学习、了解自己的需求、想法、感受、喜欢和不喜欢，家庭关系教会他/她与其他儿童和成年人相处。

重视婴幼儿的情感关怀，对于他们的早期需要，尽可能地给予理解和满足，这对培养儿童的自信心非常重要。环境中充满关爱和安全感的成人照护，以及日常生活中他人的引导及支持，为儿童提供了重要的早期学习经验。创设良好环境，在宽松的氛围中，让婴幼儿开心、开口、开窍。

得到充分关爱的儿童，安全感更充足，他/她知道自己有坚强的后盾，对新事物更容易产生兴趣，也能通过与所爱的看护人交换意见而不断更新、修正自己的知识与经验。照养人给予爱，并让婴幼儿感受到爱，是其早期智力发展的坚实基础。

二、日常生活中吃饭时的学习机会

日常生活给儿童提供了丰富的机会发展动作、认知、言语、社交等各方面能力。以吃饭为例，可以发现其中蕴藏的诸多早期学习机会。

吃饭的过程是发展宝宝精细动作很好的机会。小宝宝可以发展抓、握、拿、捏等一系列动作，大一些的宝宝可以模仿成人学习使用勺子和筷子，而把食物送进嘴里的过程很

好地发展了宝宝的手眼协调能力。吃饭过程中家长对宝宝的回应，有利于其安全感的建立，发展宝宝的交流能力。还可以调动宝宝的兴趣，问宝宝最喜欢哪个颜色的菜，最喜欢鱼还是肉，让宝宝描述是否好吃，不仅仅调动了宝宝的热情，也创造了一个学习语言、词汇的机会。

此外，在吃饭、做饭的过程中引导儿童参与，将扩展其学习的空间和机会。可以让儿童一起参与淘米、择菜等，不仅成为一个良好的亲子活动，还可以使儿童有更多的机会发展感知觉和认知，更可以近距离看护儿童。到宝宝吃饭的时候，告诉他/她这个菜是你择的，吃起来真香，还能提高儿童的自信心呢！

三、同伴玩耍中的学习机会

同伴玩耍是儿童发展社会交往技能的重要机会。几个月的宝宝就表现出了对同龄人的兴趣，1～2岁的宝宝喜欢在同龄人附近玩耍，2～3岁的宝宝逐渐发展为互相交流，共同玩耍。在玩耍中学习，既轻松愉快，效果还很好，爸爸、妈妈们尽可能创造机会。

1. 同伴玩耍提供了宝贵的观察、模仿机会 年龄相近的宝宝在能力发展上更为接近，也更有利于他们从他人那里学习技能。经常发现同一个小区的孩子，一个孩子玩球，其他孩子也要玩；一个孩子会玩儿平衡车，很快其他孩子也会了。这就是互相模仿学习的力量。有时候家长会发现，孩子只在旁边看，并不参与，这时候不要着急要求孩子参与进去，因为观察也是一种学习。如果孩子有想参与但不敢的表现，家长可以帮助孩子创造参与进去的机会。

2. 儿童可在同伴游戏中练习参与和决策 2～3岁的宝宝越来越喜欢跟同伴一起玩儿，他们会用自己的方式沟通决定玩什么，也都能在游戏中找到适合自己的位置。很多时候，家长不用操心或参与太多，即便出现了一些小矛盾，在保障安全的情况下，也可以等一等，看看孩子们是怎样解决和进行下去的。

3. 儿童可在同伴玩耍中学习分工合作 一起挖沙时工具的分配、一起玩儿开汽车游戏时座位的选择等，儿童会在点滴游戏中获得经验。玩滑梯时如何能多玩儿？有小朋友排在前面怎么办？看起来好像很简单的游戏，也蕴藏着学问，孩子通过这些过程，学习分工、合作、等待、轮流，逐步完善自己的思维，对解决问题、适应社会等都起到了积极的作用。

4. 儿童可在同伴玩耍中取长补短 每个儿童都有自己的长处，玩耍后对观察到的其他孩子的优点、长处进行复盘，更有利于儿童从其他孩子那儿学到更多。

四、犯错也是重要的学习机会

“错”，谁都会犯，有人说要“防微杜渐”，而在儿童中，这或许正是他/她认识世界的一次尝试。8月龄的宝宝喜欢把东西扔在地上，看东西掉在哪儿，看大人的反应。这实际上是在学习客体的永恒性，他们在观察大人的表情、语言，发展自己的社会交往方式。

对于儿童犯错，家长最常说的是“不”，最习惯的是惩罚或者责备。这样做不仅对孩子帮助不大，更可能挫伤孩子的好奇心和积极性，影响孩子日后的主动学习。家长要做的是少说‘不’，告诉孩子要怎样做。比如玩水，会把家里弄得一团糟，这时与其说“不”，不如告诉孩子可以在卫生间或者水盆里玩耍。对于“抠插座孔”等危险的事情，在告诉孩子不可以触摸的同时，告诉孩子会“痛”，并与生活中体验过的痛感相联系。

“犯错”也是学习规则的重要机会。比如玩滑梯时要排队，3岁左右的孩子需要逐渐了解这个规则。第一次犯错的孩子，在告诉他应该怎么做的同时，要说明下次再犯会得到的后果。这些后果是容易实现的，比如收起玩具5分钟，而不是“再这样就不让你吃饭”之类。如果第二次再次出现同样的情况，应该明确指出错误，并按之前说的后果进行，使孩子逐渐建立规则意识。

五、让电子产品助力早期学习

国内外多个指南建议2岁以下婴幼儿不使用电子产品，2岁以上儿童每天使用电子产品不超过1小时。然而随着电子产品在家庭中的广泛使用，如何让其助力儿童早期发展，扬长避短，就需要家长们多花心思了。

对于小年龄段的宝宝，最主要的是使用电子产品的视频聊天功能及儿歌、童谣的播放功能。通过视频聊天功能，缩短异地家人与孩子的距离，帮助异地家人与孩子建立互动和情感联结。而选择一些高音质、高品质的儿歌、童谣则可以增加儿童对于音乐、节奏和语言的感知。

2 岁以上的孩子使用电子产品要注意内容的选择，可以选择童话故事、英语动画等，或者适合此年龄段孩子的知识性或互动性较强的节目，或者将其用于孩子的体育锻炼。每次使用时间不能超过 20 分钟。

值得注意的是，建议家长每天拿出一段时间，放下电子产品，全身心地投入与儿童的交流玩耍中。

第三节　不同儿童的养育要点与资源机会

一、爸爸在养育照护中的重要作用

诸多证据显示，爸爸的角色在儿童早期发展中具有重要作用。爸爸的育儿方式大多与妈妈有所差异，比如动作较粗犷、更有力量、触摸多、话少、喜欢举高高、夸张表情等，这些有助于儿童更加活泼，不怕生人，也给儿童的社交奠定了良好的基础。父亲与孩子建立良好的亲子关系，其影响会一直持续到孩子青春期。儿童以后可能会用爸爸对待自己的方式去影响别人，成为社会的基础。

建议爸爸每天与儿童玩耍30～60分钟，爸爸在养育照护中采用的方法经常给儿童带来全新的体验，比如逗引过程中尝试多种抱法，把宝宝轻轻举起放下、抱着宝宝转圈、跳舞等。爸爸经常是宝宝释放天性的支持者，带宝宝到户外运动，保护和配合宝宝异想天开的各种游戏。这些不仅能激发宝宝的探索精神，还给了宝宝强健的身体与魄力，开阔宝宝的视野和心胸。给儿童自由空间，是大多数爸爸的优点，也是激发儿童创造力的有效方法，让儿童在不断尝试中增长见识，学会与他人相处。

爸爸参与孩子的养育照护，在减轻妈妈和其他照养人养育压力的同时，更带来了心理上的支持，有利于情绪调节，也间接提高了儿童照护的质量。

二、隔代养育的利与弊

祖辈参与婴幼儿养育照护是中国文化背景下较为突出的一个养育特点。很多家庭在宝宝出生后会请祖辈参与抚育，宝宝的年龄越小，祖辈参与度越高。有些在外地工作的父母也可能把宝宝留给祖辈帮忙照顾。

隔代照养有着天然的优势，比如祖辈对孙辈的关爱和关注程度总是很高。很多祖辈可以全职参与照养孩子，陪伴时间充裕；普遍有养育子代的经验，丰富的生活经验也使其对一些危险的预见性比较强。有些祖辈甚至充当儿童启蒙老师的角色。有研究显示，祖辈参与照养可以给儿童提供更丰富的语言环境。

但祖辈通常年纪较大，在照顾儿童方面可能存在体力和精力不足，尤其是孩子会走、会跑后。为了保障孩子的安全，很多祖辈也更多采取抱着、管着孩子的养育方式。这些情况都提示父母应多参与孩子的养育照护。同时由于成长的年代不一样，两代人在养育观念上难免存在差异，但出发点都是好的，这就需要双方及时做好沟通交流，互相理解和支持，在一些非原则性问题上做出让步。

总之，隔代抚育中建议父母为主，祖辈协助，互相体谅，相得益彰。

三、二孩家庭的养育要点

家里有两个孩子，可谓苦乐参半。开心的是孩子有伴，能共同成长；可是作为二孩家庭的父母，必然要投入更多的精力，特别是两个孩子闹矛盾或者同时有需求要满足时，经常会弄得家里鸡飞狗跳，父母狼狈不堪。二孩家庭掌握好以下几个方面，则可享受更多孩子成长的乐趣。

首先，让孩子知道：对他/她的关注从未减少。二孩家庭中，很多时候孩子发脾气、闹别扭，归根结底都是渴望得到关注。比如，妈妈在给小宝宝喂奶的时候，不忘对姐姐说一句“我看到姐姐在认真画画呢……”便可以让姐姐知道，妈妈同时也在关注她，从而减少她心理上的焦虑和不满。

其次，给予孩子自己的空间，给予同等尊重。每个孩子都有自己的优点和长处，给他们表现的空间，而不要把两个孩子做比较。比如说，哥哥参加篮球班是因为他想长得更高保护你；妹妹参加舞蹈班的时候，也可以告诉哥哥，跳舞会让妹妹更可爱 做哥哥的也倍儿有面子。二孩的世界里公平总是很重要。这里的公平并不是强调买东西都要一样的价

钱，而是给孩子提供同样的机会，执行同样的规则。比如，每个孩子都有自己的“一亩三分地”放玩具，如果互相抢玩具就暂时都不玩儿这个玩具了。

手足情深是在日常互动交往中建立的。鼓励和给孩子们创造共同玩耍的机会，可以减轻父母的负担，而且能让孩子的感情更深，一举两得。有时，家长也可以适当示弱，给孩子们创造互相帮忙的机会。对于孩子之间的矛盾，尽量不干预，在保障安全的前提下由两人自行解决。有些爸爸、妈妈觉得，小宝打不过大宝，也说不过大宝，这样会不会每次都是小宝吃亏？其实孩子们有自己的解决方式，这也正是孩子们练习社会交往技能的实战场。有的这次吃了亏，下次就想出了新的解决办法；也有的在实战中练就了嘴甜、会哄人的本领。家长可以通过表扬、鼓励等方法帮助孩子们学会控制情绪和找到解决问题的方法。

成长路上有同伴，二孩家庭真让人艳羡不已呢！

四、发育高风险儿童如何利用资源促进早期学习

早产、低出生体重、出生窒息、出生缺陷、新生儿期严重的感染性疾病、遗传代谢性疾病等，使儿童出现神经心理发育问题的风险明显增加。贫困和不良的家庭养育环境，也是影响儿童发育的重要环境因素。密切的发育监测、丰富的发展环境，是降低风险发生、促进潜能发展的重要手段。

充分利用家庭和社区资源，给儿童提供丰富的环境和机会，促进其运动、语言、精细动作、情感等全面发展。通过玩耍、交流促进儿童视觉、听觉、嗅觉、味觉、触觉、本体感觉、前庭觉、各感觉器官的发育，如追视、追听、尝试不同味道和性状的食物、触摸不同质地大小的物品、婴儿抚触、主动/被动操等。根据儿童抬头、翻身、坐、爬、站、走、跳等大运动发育规律，使家里成为儿童发展的游乐场。使用一些简单或者自制的玩具，促进儿童抓、换手、撕、捏等精细动作。充分利用家庭喂养、护理、游戏等过程，多

与儿童说话、逗引、互动，促进儿童语言、认知等发展。根据儿童发育水平，选择难易适度的活动，提供适当辅助，确保儿童有自主活动的机会，此外，对于儿童良好的表现和进步要及时给予奖赏。

与医疗机构保持联系，定期到医疗机构进行健康检查和发育监测，并根据儿童发育进展考虑儿童发育促进的活动和玩具。如果孩子进步比预期缓慢，不要急躁，更不能放弃。每个孩子都是不一样的个体，有自己的发展轨迹，父母的耐心陪伴与共同学习是对孩子最好的促进剂，相信付出总会有收获。

五、住院儿童如何利用资源促进早期学习

住院所带来的不愉快的经历，可能对儿童身心发展产生影响。住院时间长、跟家人分离等情况下，儿童有可能出现不活泼、焦虑、抑郁、退缩、对周围事物不感兴趣等表现。婴幼儿期是儿童脑发育最快的时期，有必要创造条件为其发展提供保障。

在儿童住院期间，尽量有家人陪伴，保持其住院前的生活习惯。如果家人不能陪伴，则把儿童喜欢的玩具放在床旁，增加其对周围环境的熟悉感；充分利用视频等方式与儿童进行交流互动，对儿童住院期间的自主性表现给予鼓励表扬。当某部位活动受到限制时，要尽可能用其他方式代替，如果限制了走路，可用童车代替。

在儿童病情稳定、治疗空闲的时候，与儿童进行玩玩具、讲故事、涂鸦等游戏，创造条件让儿童参加适宜的活动，根据病情安排治疗、游戏、锻炼、娱乐等。医护人员同意的前提下，与同病房或者同病区的小朋友互动，或者互相帮助做一些力所能及的事情，让儿童产生被需要的感觉。对于长期住院的患儿，可以利用节日、生日、治疗取得进展的节点，创造一些有趣的活动或仪式，降低住院的乏味与枯燥。病情允许的情况下，安排户外活动，邀请同伴到医院探望，增加与外界的联系与接触，给儿童创造更多融入社会的机会。

参考文献

1. MA Y，JONSSON L，FENG T，et al.Variations in the home language environment and early language development in rural China[J].Int J Environ Res Public Health，2021，18（5）：2671.

2. 王振宇．学前儿童发展心理学（高等学校学前教育专业教材）[M]. 北京：人民教育出版社，2009.

3. 林崇德，李其维，董奇．儿童心理学手册：第 2 卷（上）[M].6 版，上海：华东师范大学出版社，2009.

4.BRITTO PR，LYE SL，PROULX K，et al.Nurturing care：promoting early childhood development[J].Lancet，2017，389（10064）：91-102.

5. 邵洁，童梅玲，张悦，等．婴幼儿养育照护专家共识 [J]. 中国儿童保健杂志，2020，28（9）：1063-1068.

6. 张悦．儿童养育照护中早期学习机会：概念与内涵的探析 [J]. 中国儿童保健杂志，2022，30（10）：1088-1090.

7. 李明，黄真．Peabody 运动发育量表 [M]. 北京：北京大学医学出版社，2006.

8. 李林，武丽杰．人体发育学 [M].3 版，北京：人民卫生出版社，2018.

9. 毛萌．萌医生科学孕育在家庭 [M]. 成都：四川大学出版社，2020.